2022.8.30

我的徒步博物旅行

洛克线。植物记。

花间 —— 著

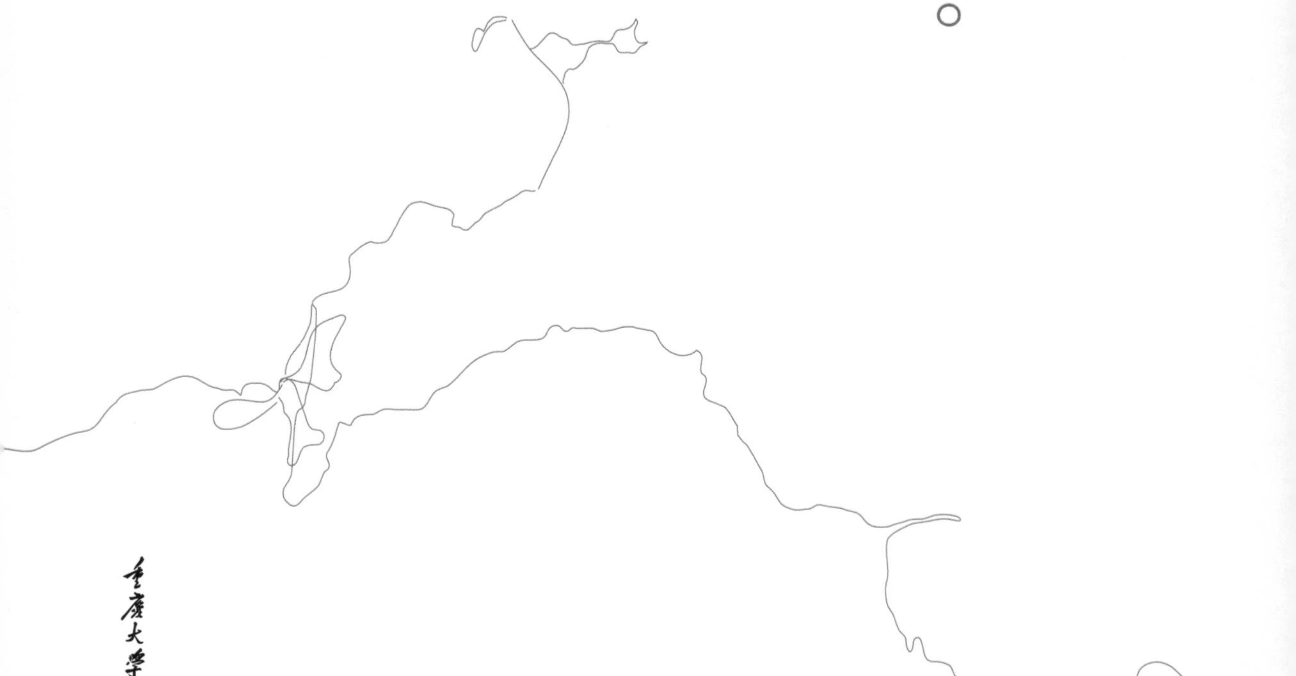

重庆大学出版社

图书在版编目（CIP）数据

洛克线植物记：我的徒步博物旅行 / 花间著 . --
重庆：重庆大学出版社，2022.8
（好奇心书系 . 荒野寻访系列）
ISBN 978-7-5689-3398-8

I. ①洛… II. ①花… III. ①青藏高原—概况
IV. ① P942.074

中国版本图书馆 CIP 数据核字 (2022) 第 116577 号

洛克线植物记——我的徒步博物旅行
LUOKE XIAN ZHIWU JI — WO DE TUBU BOWU LÜXING

策　划　鹿角文化工作室
花　间　著

策划编辑　梁　涛
责任编辑　李桂英
责任校对　邹　忌
责任印制　赵　晟
装帧设计　花　间

重庆大学出版社出版发行
出版人　饶帮华
社址　（401331）重庆市沙坪坝区大学城西路 21 号
网址　http://www.cqup.com.cn
印刷　天津图文方嘉印刷有限公司

开本：787mm×1092mm　1/16　印张：17.25　字数：240 千
2022 年 8 月第 1 版　　2022 年 8 月第 1 次印刷
ISBN 978-7-5689-3398-8　定价：88.00 元

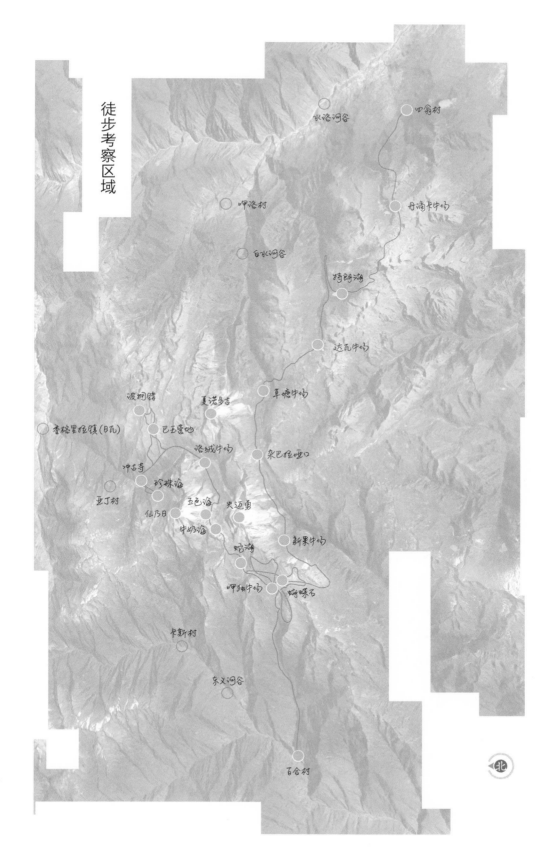

徒步考察区域

水洛河谷　　四翁村

呷洛村

丹滴卡牛场

白水河谷

特朗湖

达瓦牛场

波拥错　夏诺多吉　草塘牛场

香格里拉镇(日瓦)　巴玉营地

冲古寺　洛绒牛场　朵巴拉垭口

珍珠海

亚丁村　仙乃日　玉色海　央迈勇

牛奶海

蛇海　新果牛场

呷独牛场　蝴蝶石

卡斯村

东义河谷

百合村

北

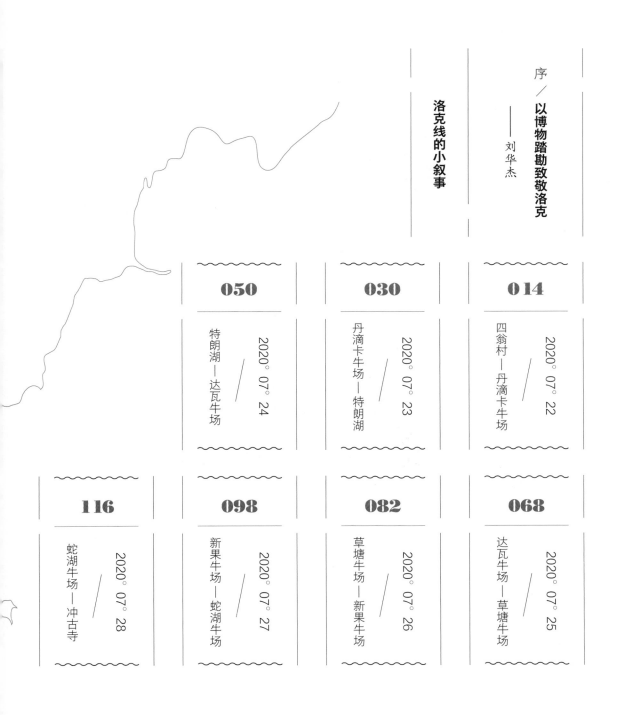

约瑟夫·查尔斯·弗朗西斯·洛克

Joseph Charles Francis Rock

1884.1.13 — 1962.12.5

以博物踏勘致敬洛克

北京大学哲学系教授，博物学文化倡导者 ◎ 刘华杰

早就听说过叫"洛克"的一名传奇人物。

2008 年夏在云南丽江白沙乡玉湖村（雪嵩村）参观洛克故居时，好友田松向我好一顿推荐洛克。他一直关注着洛克对纳西文化的研究，希望我能关注洛克的自然探究。

几年后，有到夏威夷访学的机会，想起田松的话，便打起洛克的主意，我以研究洛克为名撰写的申请报告迅速得到批准。在夏威夷一年当中，参观了洛克晚年居住的大房子，拜祭了其朴素的墓地，更有机会不断爬山观赏洛克当年考察过的众多本土植物，最好看的是半边莲亚科和檀香科的一些种类。在夏威夷大学图书馆仔细阅读了斯蒂芬妮·B. 萨顿 (Stephanne B. Sutton) 撰写的《洛克传》（2013 年上海辞书出版社出版了李若虹的中译本《苦行孤旅》）。在福斯特植物园拜访洛克的遗嘱执行人保罗·R. 韦西奇（Paul R. Weissich，1926 — 2018）, 老先生拿出洛克生前经常使用的小皮箱，向我展示洛克的诸多小件遗物。2012 年回国写了文章《洛克与夏威夷檀香属植物的分类学史》，出版过《檀岛花事：夏威夷植物日记》。现在又幸运地先睹李瑞荣（花间）撰写的十分精美的近 300 页的"洛克线"博物学大作。所有这些，都让我进一步了解洛克，钦佩洛克。

在中文世界中，实际上流传着两个"洛克"，交谈中有时会误指。一个是美籍奥地利人洛克（Joseph Charles Francis Rock，1884 — 1962, 中文名也叫骆约瑟），一个

是英国人洛克（John Locke，1632—1704）。前者是博物学家（naturalist），后者是哲学家，两人我都非常喜欢，他们做事非常扎实、靠谱。本书涉及的以及上一段讨论的，都是第一位洛克，即作为博物学家的洛克。

为何特别强调他的博物学家身份呢？因为我喜欢博物学和博物学家？不全如此。洛克去世后，第二天夏威夷当地媒体刊出的讣告中说"世界著名博物学家洛克昨日逝世于檀香山，享年79岁"（Honolulu Advertiser,1962.12.06），讣告的标题也提及他是博物学家。综观洛克一生，他是地道的博物学家，他研究的范围和方法与达尔文、华莱士完全一致。洛克还有植物学家、植物采集家、科学家、探险家、地理学家、摄影师、民族学家等称号，比较起来，博物学家最恰当。

李瑞荣撰写的是什么类型的图书呢？在我看来，它是向博物学家洛克致敬的一部非凡博物学作品。"洛克线"的命名，就饱含着户外爱好者、博物学家对洛克的崇敬之情。大约半年前，瑞荣向我提及行走"洛克线"，讲述了令人兴奋的野外经历。他特别向我展示了本书168页"蝴蝶石"的两张照片，一张是洛克1928年拍摄的，一张是瑞荣2021年拍摄的。多少个日夜过去，大自然还是大自然，任凭人间沧桑。瑞荣有这样的毅力和雅兴，我非常羡慕，真想能一道前行。四川、云南、青海、西藏的山野，我也找机会拜访过若干，果洛、香格里拉、泸沽湖、康定、亚丁和稻城都参观过，但从未离开居民区太远，没在那里的野地扎过营，与瑞荣见识的"野性"差得太远，跟当地居民的交流也差得多。

为表示对历史上著名博物学家的敬意，人们常以某种形式回访前辈当年考察过的地方。在国内，《百年追寻：见证中国西部环境变迁》（印开蒲等，中国大百科全书出版社，2010年）和《2018重走威尔逊之路：科学考察日记》（姚崇怀、刘胜祥，湖北科学技术出版社，2019年）就是这样的作品，其中威尔逊（Ernest Henry Wilson,1876—1930，中文名也叫威理森）是著名在华博物学家，他写过《一个博物

学家在华西》和《中国——园林之母》。而专门写"洛克线"，这恐怕是第一部书。这是本书第一大特点。伟大博物学家留下的不仅仅是标本、野外笔记、发表的文字等，他们的名字刻写在那片土地上，他们的气息、品味和见识似乎"全息"地融进了一山一水一石一草一木，以及喜欢他们的人的心灵中，所到之处都有他们的签名。这使"洛克线"成为一个有魅力的动力学"吸引子"（attractor）。它汇聚着各方追随者、自然爱好者，他们尝试以同样的情怀，见证并感受大自然的精致和人事的沧桑。

行前周密计划，艰苦的野外行走和专业记录，以及事后用心查证、鉴定，在这部书中都有细致展示，这是本书的第二大特点。比如书中收录沿途拍摄的大量植物，都给出了分类，给出了学名。就我有限的植物分类知识来判断，没有发现不合适的鉴定。户外运动在中国已不新鲜，近十几年飞速发展，但是相当多户外运动者只停留在机体锻炼的层面。不管他们走到哪里、登上什么山，都不太在乎从知识、历史的层面体会山野的奥妙。他们基本不记录环境、生态、自然物，不进行岩石构造分析和物种鉴别，可以戏称之"虾球转"（盲目到处行走）或"暴走"。不能说那样做没有意义，在多元社会中，想干啥就干啥，不违法就行。但是人们总觉得那样做可能对不起独特的美景、物种，也浪费自己的钞票。

本书第三个特点，拿到书的人能够最先发现，便是图片精美，这反映了瑞荣高超的摄影技术和独特的审美情趣。版式设计也非常不错。不需我多讲，读者稍稍翻看就能体会到。

本书第四个特点，对所述事件、事物描述准确，时间、地点、线路交代得十分清楚。这对于博物学来说十分关键。有些图书可能觉得这些细节不很重要，甚至可以删除，实际上它们非常有价值，时间越久越有价值。今日的读者和未来的读者，不仅想知道本书作者看到了什么、体验到了什么，还可能在适当时候回访、检验或者对比。就像本书作者对待洛克当年的工作一样。洛克的人类学意识非常强，在博物学家当中也表现得比较突出。他的记述，现在已有环境史、生活史价值。

以挑剔的眼光看，本书内容稍显单薄，作者可以在不同的时间再重新走一次或两次，相信会有另外的收获，也可以再写续篇。

最后，还是要提醒部分读者，野地虽美，但不要轻易冒险。2012 年 12 月，2 名登山爱好者在河北涿鹿灵山景区登山遇难。2017 年，2 名驴友穿越陕西秦岭时遇难，2021 年 5 月，上海 1 名驴友在秦岭再次遇难。2021 年 5 月，甘肃黄河石林山地马拉松越野赛 21 人遇难，同年 11 月，云南 4 名地质调查人员在哀牢山遇难。从公布的信息看，有些环境条件并不算很恶劣，却发生了如此大的灾难，可见野外并非想象的那么适合每个人。瑞荣行走的"洛克线"的一些路段可比前几者艰险得多，打算试一试的朋友一定要考虑清楚。设备很重要，但永远是第二位的，人与大自然打交道的能力才是第一位的。

"洛克线"有狭义和广义之分，别的地方以及中国之外还有"洛克线"，在做好充分准备的情况下，希望广大博物爱好者撰写更多的"洛克线"之书。世界很大，中国历史上有徐霞客想法的人非常少。中国很缺少麦哲伦、白令、库克、洪堡、华莱士、斯科特那样的人物。观念倒是可以变通一下。中国人要热爱家乡、了解家乡，也热爱世界，需要了解世界。出国的中国人多了，可是关注域外大自然的，还在极少数。周边国家的物种和生态我们了解吗？一带一路呢？南美洲呢？博物学，在家园和远方都可以展开，当下的中国这两方面都需要。对于博物学家，前者是根本，远方可想象为第二故乡。

2021 年 12 月 17 日于北京大学

洛克线的小叙事

洛克先生的贡嘎岭考察线路

美籍奥地利博物学家、地理探险家、植物学家、语言学家约瑟夫·洛克先生，在 1928 年 6 月 13 日，从凉山木里出发，经贡嘎岭，穿越至甘孜稻城亚丁。

1928 年 3 月 23 日，洛克离开云南，5 月抵四川木里，开始了他的贡嘎岭地理考察之旅。他经大理去丽江，再从丽江往北，过永宁、拖七，越云川省界，经利加嘴、屋脚，翻几坡垭口，一路颠簸 10 余天，到达其时木里旧县治——瓦厂。其目的是求得木里王的帮助。地处木里河（理塘河）中游西岸台地的瓦厂，附近有木里大寺，始建于 1656 年，是"木里王国"的宗教和政治中心。

到达瓦厂后，因木里王时住苦巴店，洛克一行于 5 月 28 日离开瓦厂向东，过理塘河，经博科，夜宿古都 —— 一个森林环抱的小牛场；5 月 29 日，到达苦巴店，住苦巴店寺；6 月 1 日，随木里王离开苦巴店，到达吉卡咯，数天后返回瓦厂。

1928 年 6 月 13 日，洛克一行离开瓦厂，向贡嘎岭行进。考察队由 24 人组成：洛克、1 名木里王特派大喇嘛、1 名卫兵、21 名纳西族助手。他们绕木里大寺西的木仔耶山向西下行，穿越原始森林，进入水洛河（无量河）河谷。经罗斗，到达水洛河边的沙吉巴（杀鸡坝），新藏，并沿水洛河上行，到达兰满，当晚在"茉莉营地"（洛克语）扎营。再经都鲁、西瓦、沾固、固滴后向西，进入了水洛河支流白水河谷，到达呷洛。

西北区域考察线路图

目标: 阿尼玛卿山

大本营: 卓尼禅定寺

洛克中国考察线路

张掖

祁连山

门源

青海湖

西宁

兰州

阿尼玛卿山

拉加寺

拉卜楞寺

九界那

卓尼

岷山

西南区域考察线路图

目标: 大风子树种、贡嘎岭

大本营: 丽江雪蒿村

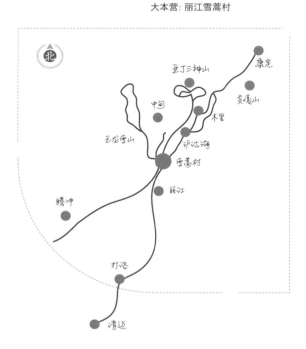

成都

亚丁三神山

康定

中旬

贡嘎山

木里

玉龙雪山

泸沽湖

雪蒿村

腾冲

丽江

昆明

打洛

清迈

　　考察队在呷洛补充了 20 名当地卫兵后沿白水河谷继续西行，进入贡嘎岭地区。他们到达夏诺多吉的东南坡，"夜幕降临我们的高山营地，我坐在帐篷前，面对着称为夏诺多吉的伟大山峰。这时，云散开了，那是一座平顶金字塔状的山峰，像一对硕大无比的蝙蝠翅膀。山体披冰带雪，冰川直达山脚，在那里形成巨大的、宛如圆形剧场的冰碛堆积。"（《发现梦中的香格里拉》）此地，洛克还无意远眺到蜀山之王——贡嘎山，并由此起意次年的贡嘎山探险之行。

　　洛克一行继续沿夏诺多吉南坡山谷上行，依次经过现在的满错、藏别、草塘等牛场。大雨中艰辛翻过杂巴拉垭口，进入央迈勇南坡区域，露营新果牛场，疲惫至极。之后翻越黑湖垭口，折行向北。经蝴蝶石、呷独牛场，当晚宿营蛇湖。次日，行至仙乃日与央迈勇北之间的松多垭口，经仙乃日西侧翻越松洛垭口，在雨雾中狼狈下行到冲古寺。

　　洛克在冲古寺休息、考察三天后，于 6 月 25 日，离开冲古寺，东行，到达夏诺多吉北偏东的巴玉营地，并在此停留两晚。6 月 26 日凌晨，洛克幸运目睹了晨光中的央迈勇和仙乃日，欣喜赞叹："万里无云，眼前耸立着举世无双的金字塔状的央迈勇，她是我眼睛看到过最美丽的山峰。白雪覆盖的山峰原来呈现出灰白色，但是，她和仙乃日的山巅突然变成了金黄色，此时太阳的光线正在亲吻她们！"（《发现梦中的香格里拉》）

　　两天后，从巴玉营地继续东行，计划经嘎洛踏上返回木里之途，不料沙吉巴的水洛河木桥被洪水冲毁，无路可走，只得沿水洛河北上，经俄西、克米格、茶布朗，再折向木里河西侧的山脊南下，终到瓦厂木里大寺。

　　1928 年 8 月，洛克探险考察队一行，再次前往贡嘎岭。他们由冲古寺沿仙乃日与夏诺多吉之间河谷上行，在洛绒牛场扎营。此行的主要考察路线，即现在稻城亚丁景区核心区域。

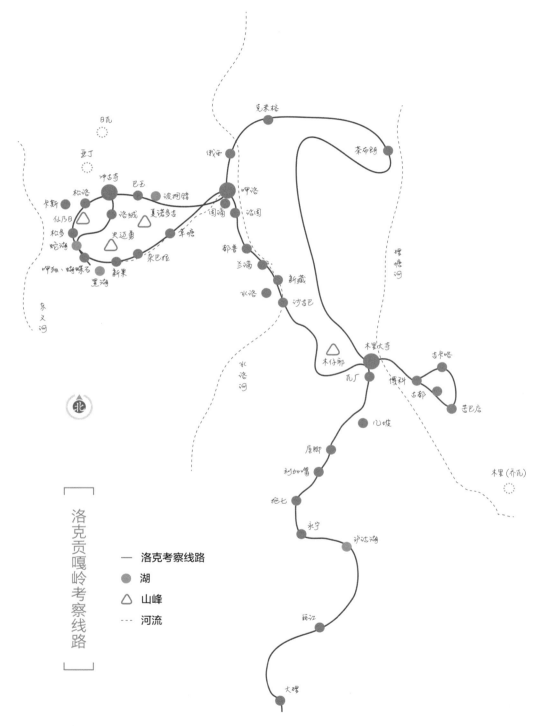

日瓦

亚丁

冲古寺
巴玉
波拥措
松洛
俄西
觅朱格
茶布朗

卡斯
洛绒
夏诺多吉
岬洛
仙乃日
沁园

松多
央迈勇
草塘
阔滴

蛇湖
永巴龙
都鲁
兰满

岬独、蝴蝶石
新果
水洛
新藏

黑湖
沙吉巴

东义河

木仔郎
木里大寺
吉卡略

北

水洛河
瓦厂
博科
古都

吉巴店

心坡

木里(乔瓦)

屋脚
利加嘴

拖七

永宁
泸沽湖

洛
克
贡
嘎
岭
考
察
线
路

—— 洛克考察线路
● 湖
△ 山峰
------ 河流

丽江

大墁

如果不是其时匪患猖獗，关于贡嘎岭的考察，洛克很可能还有三次、四次。洛克也许没有想到，他笔下的雪峰、神山、森林、草甸、寺院，今日已是"人间天堂"。

香格里拉

如果一定要在洛克足迹里，找到香格里拉的人间附体，以我个人视角查考，这个名冠更应该戴在稻城亚丁的头上。

蓝月山谷，是不是洛绒牛场（蛇湖、呷独牛场）山谷；卡拉卡尔，是不是仙乃日（品字三神山）；喇嘛寺是不是冲古寺？

2001 年底，云南中甸县抢先更名香格里拉县，第二年，四川稻城县日瓦乡更名香格里拉乡。

巴尔蒂斯坦是克什米尔版的香格里拉；与西藏日喀则仲巴县接壤的木斯塘是尼泊尔版的香格里拉；迪庆中甸是云南版的香格里拉；稻城日瓦是四川版的香格里拉；甘南扎尕那是甘肃版的香格里拉。而我最早知道这个名字，却是在 20 世纪 90 年代的深圳罗湖火车站，一家马来华商酒店的墙上。

香格里拉各路版本，不说豪夺，也有巧取之嫌。近似版本还有青海兰州拉面和甘肃兰州牛肉面。但不可否认，一个"香格里拉"冠名，让各路地主赚得金钵满盆。

相对于香格里拉的盛名广布，它的创始者洛克先生，只是在丽江周边区域为人所知。在另一个洛克先生的考察区域，我家乡不远的甘南，其名更是鲜闻。

我们愧对洛克先生！

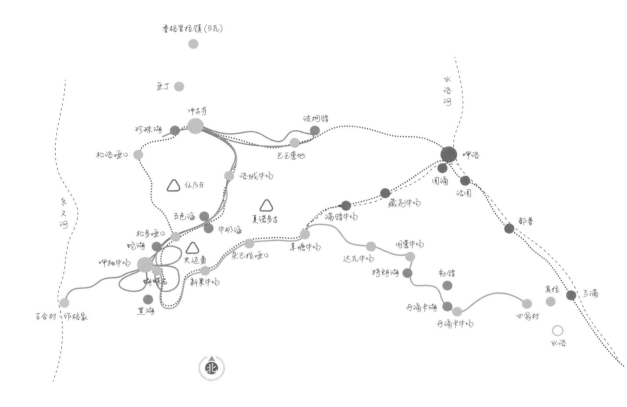

香格里拉镇(日瓦)

亚丁

冲古寺
珍珠海
松洛哑口
波咧错
巴玉雪地
洛绒牛场
仙乃日
水洛河
呷洛
五色海
夏诺多吉
牛奶海
松多哑口
蛇湖
央迈勇
滴错牛场
藏别牛场
围滴
沦困
都喜
呷独牛场
蝴蝶岛
杂巴拉哑口
卓塘牛场
达瓦牛场
围鲁牛场
初错
基俄
兰滴
东义河
新果牛场
特朗湖
丹滴卡湖
丹滴卡牛场
四翁村
水洛
里湖
百合村／作格家

北

我
的
徒
步
考
察
线
路

● 516版洛克线，第一次徒步线路
● 第二次以呷独牛场为中心的考察线路
⋯ 洛克考察线路
● 湖
△ 山峰
--- 河流

户外"洛克线"

洛克的贡嘎岭考察线路，即木里水洛乡至稻城亚丁的穿越线路，因洛克而盛名，被称为"洛克线"。它连接夏诺多吉、央迈勇、仙乃日三座雪山，也是传统意义上的当地藏民大转山线路。由于包含原始森林、山涧流瀑、海子湿地、牛场雪山、高原野花等贡嘎岭精华元素，近十年来成为户外徒步路线经典，受到资深驴友的热捧。

关于"洛克线"，户外有多种走法，或加或减，但均包含核心区域。因为终点不同，目前主要有两种走法。其一，从景区的冲古寺出发，经波拥错，绕夏诺多吉北侧到东边的水洛乡呷洛村，沿白水河谷西行，绕行三神山，从仙乃日西侧下行到冲古寺，几乎完全是洛克当年的考察线路，只是起点不同。其二，选择洛克当年的出发地呷洛村或金矿附近村庄为起点，绕行三神山，穿越景区核心区域，终点到冲古寺。两条线路，还可以在松多垭口，在仙乃日西侧卡斯地狱谷下撤。起点呷洛村的后一条线路，多从西昌乘坐公交或包车到木里县城，再从木里县城包车到水洛乡呷洛村，路途艰辛，费用不菲。但相对前一种选择，省缺冲古寺经波拥错的一段线路，时间上也缩短两天。

近年，由于森林防火，各地政策对徒步穿越并不友好，若是经景区穿越，有可能罚款并问责。

我的博物徒步线路

本书呈现的，是我 2020 年 7 月下旬及 2021 年 6 月上旬两次徒步贡嘎岭的博物收获。

第一次：2020 年 7 月 22 —28 日，7 天。我跟随十多年前磨房论坛 ID 为 516 的老队长、多次山行中相濡以沫的山友、深圳一所中学的地理教师唐友能徒步。这次徒步线路是户外传统洛克二线的改良版，起点是水洛河谷西侧偏南的东拉四翁村，在草塘牛场并入传统洛克线。线路剪去单调的白水河谷呷洛村至草塘牛场一段，续接了多出 4 个海子、3 个海拔 4600 米以上观景垭口、用时 3 天的新路线。

516 版洛克线，有海拔 4500 米以上垭口 12 处，其中海拔 4700 米以上垭口 5 处。原计划 6 天完成，由于大雨迷路，延至 7 天。这次旅程，好在我的高反轻微，只在前两天略微头痛；好在全程防护的右膝并无大碍；好在左脚 4、5 指也未捣乱；好在——那些差之毫厘的险情并未发生；好在大雨中无法扎营时有一间温暖的牛棚敞开……

背负 22 千克重包，随时弯腰拍花，并且 7 天有一半时间在雨雾中行走，泥泞流石路，赤脚在冰水中过河，大雨中颤悠悠险走苔藓枯木桥，在沼泽地草上飞——这诸多细节无法描述的旅程，既不悲情，也不矫情。这就是高原的日常，是徒步者的琐碎。仅此而已。

第二次：2021 年 6 月 6 —11 日，6 天。在第一次徒步至黑湖垭口不久，有幸偶遇呷独牛场在此牧牛的作格小姑娘和她的妈妈，我们留下联系方式。后在刘华杰老师的鼓舞下，也为了让书中植物具有全面性、代表性，2021 年春节前后，我决定再走一趟洛克线。我无法说服自己跟随户外商业队踏入山野，但我也无法找到另一支纯粹热爱山野的队友同行。我更不敢独身冒险，来一次跨时数日的负重长途山野之行。思前想后，我把考察坐标定格在作格家的呷独牛场，我想以那里为大本营，在周边开始春夏季节的植物考察。这个决定是慎重考虑和比对的结果，是我唯一能够实现的方案。但前提是得到作格一家的协助帮忙。

我的求助很快得到回应。春节过后的四五月，我隔几天就会询问作格，让她在她爸爸那里打听第一波春花开放的时间。几乎每次都是一样的回复：今年天旱少雨，春花迟迟未开。伺机等待中的五月底，我抽空去了一趟洛克当年中国考察的另一区

域：甘南藏地，这里的春花已经开得如火如荼。我如坐针毡。其时的稻城亚丁，正是采挖虫草的繁忙季节。作格爸爸常在山上牛场，很少下山，那里没有手机信号，无法及时沟通。我终于下定决心，在改签了 2 次机票之后，决定六月初启程。但显然，我来得太早了，山野很多区域依然旧草枯黄，仅有少数先锋春花初开。

但我也知足了。

为何徒步？

为何来一场高山远行？每个人都有自己的解读。在大雨中无法吃干粮，长达一天时间重包不离肩，何其悲催——但那时那刻，我心底升腾起一种近似麻木的平静感，不悲不喜。久远情思再次回归躯壳，或溢放体外，来另一场与时空平行的灵魂孤旅。一次徒步就是一次快进人生：历经揪心、磨难、欣喜、释放和荡涤。

没有大包重压的徒步是轻佻的徒步，正如，没有匍地跪拜的朝圣是亵慢的朝圣。

本书陈列的山花和景观，是我对高原山川的微薄献礼，也是对洛克先生的至诚敬意！

07.
22.
2020.

丹滴卡海
丹滴卡牛场
D1 营地（4122
灌丛

A — D1

丹滴卡牛场 ／ 四翁村

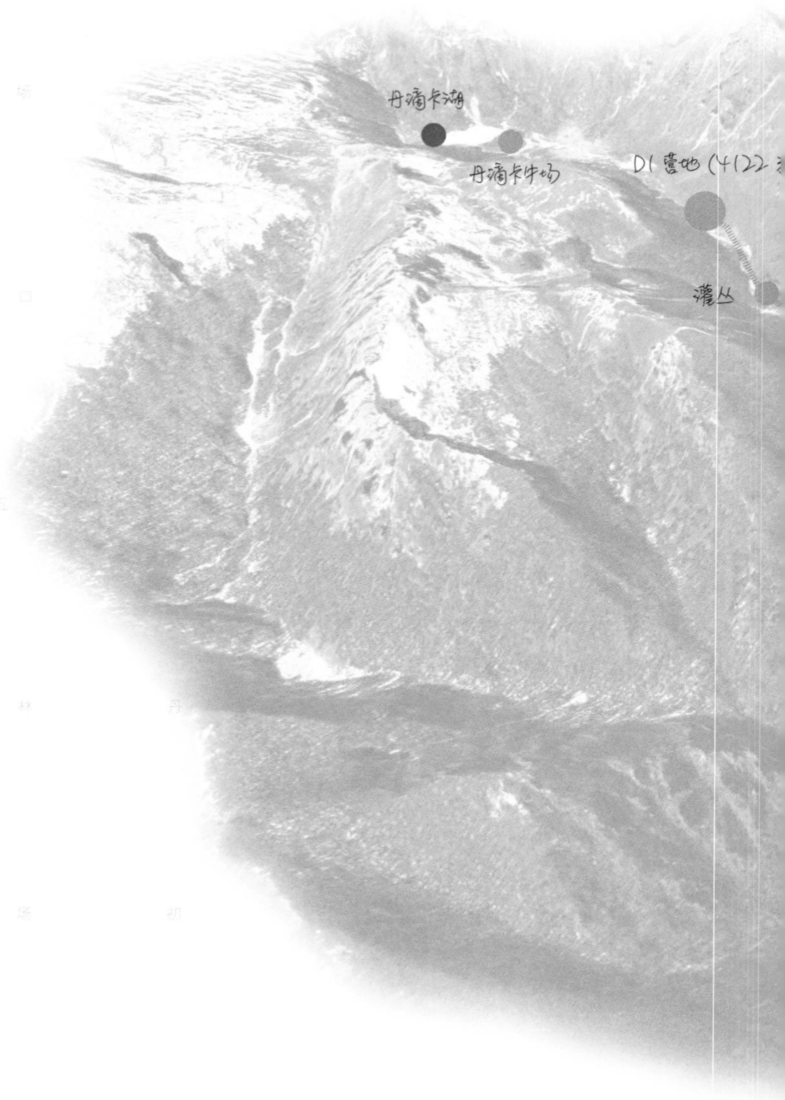

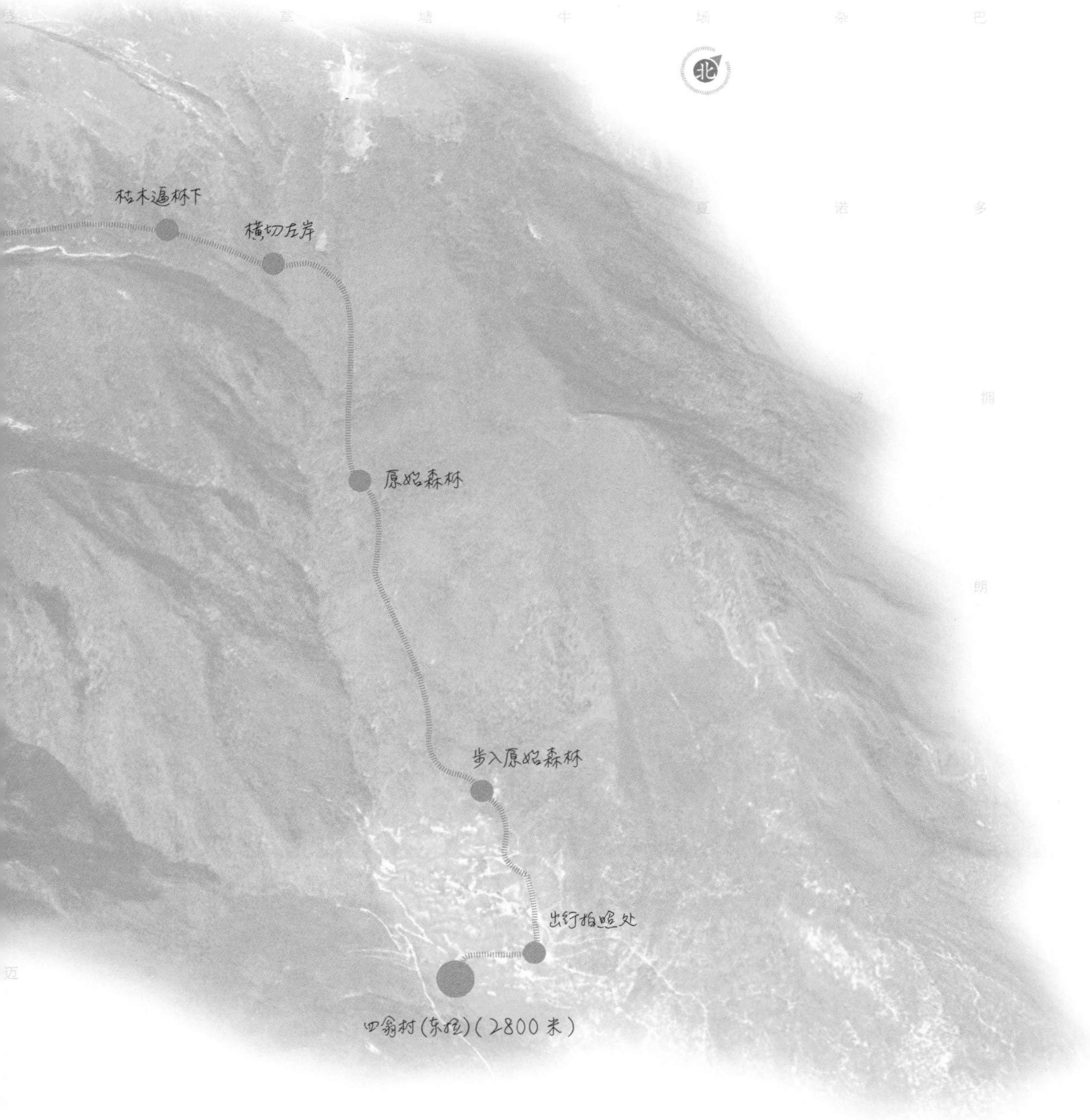

北

枯木遍坡下

横切左岸

原始森坡

步入原始森坡

出行拍照处

四翁村(东坡)(2800米)

| 东拉四翁村是两条山谷交会之地,三面都是森林覆盖,全村约 17 户人家　↑

晨光中窸窸窣窣，女主人生着火，一天就算起了头。在灶膛柴火的哔剥声中，我们依次起来——起的不是床，是地铺。熟睡中似乎有长腿蜘蛛爬到脸上，换作平时，肯定惊起……可是昨晚不行，朦胧中有清醒：徒步第一天，无论如何，充足的睡眠，是必须要有的……

早餐是吃剩的藏香猪肉泡剩饭。新土豆依旧如昨晚那么好吃，漂浮的油脂也有平日难得的醇香。大家心里明白，接下来的几天徒步，这种油脂的芬芳再也闻不到了……长距离高原徒步，拼的是体力，细究下去，其实也是脂肪……脂肪是动物们应对严寒饥饿的高效食物。

酬谢的时候，女主人客气推辞，男主人坦然接受。应该的，应该的，队长点头致谢，我们也随口附和。起步，主人翁地次仁领我们到村头岔路口，分手时，依例合影留念，这是我们俗定的出行仪式。微笑中有各自的庄重，有不宣的肃穆……

东拉四翁村是两条山谷交会之地，大约 17 户人家，三面有森林覆盖。从卫星地图上看，几乎所有的屋顶都是红色彩钢棚。居住分散，大概是数量庞大的牧畜和基本粮食种植，各自需要冬日牛场和土地的缘故。我们夜宿的翁地次仁家，原以为是四翁村最高处的人家，起步时才发现，它在最低处。

翁地次仁家女主人及干净整洁的厨具

| 队友：拉姆＋功哥＋朱朱＋队长516＋花间＋仿佛 ↑　　　　　　　　　　| 原始森林，苔藓、松萝密布 ↑ ↓

村子对面的森林，有新的流石瀑，看起来今年的雨水，真的胜于往年。

和翁地次仁道别，各自祝福：扎西德勒！

长距离高山徒步，第一天最为艰辛。今天从海拔 2800 米到 4122 米，重包爬升 1322 米。不敢想，只管走。而一天中的起始半个小时，由于身体环境的转换，会极为疲惫。

路是牛道，直入森林。高山杜鹃间杂少量红桦，渐渐过渡到云杉冷杉，浅绿松萝一路相伴。松萝，丝丝悬垂，拂面扣心，仿佛从未沾染过人间罪恶，那么轻盈自洽。仿佛是在暗示我们：在它之上，真的有一个天堂，而它不过是通往天堂之路的飘带。松萝属地衣，是监测空气质量的指标植物，一般只在湿润的原始森林或次森林存活。也就是说，她只在伊甸园生存。

几乎是整天，无休止地爬升，无尽头的虬枝松萝。

刚刚神往了伊甸园，就遇到一株扇唇舌喙兰，一袭紫红羽衣，果真是天使下了凡，乘着肉眼看不见的滑滑梯，正在人间舞台上徐徐降落。

叉唇角盘兰，那叉唇，活像一只长舌头被挖剪去中间部分，是否是长舌妇受到神灵咒诅，得到惩罚？越看越像，越看越诡异……难道她和扇唇舌喙兰都是天庭而来，一个是天使，一个是魔鬼？

火烧兰外形硬朗，属野生兰花里的男子汉，是低海拔兰花，见了不止一回。手参，更是野生兰花中的大路货，几乎每次暑期高山徒步，都能遇见，不知是时令恰逢，还是花期长久。

大王马先蒿、华丽马先蒿，很有情侣相。大王马先蒿果真有王者之气，但牛哄哄的，我不甚喜欢；华丽马先蒿有点艳俗，也不是我的菜。我远未练就一身好脾气，我把人间是非喜好，代入到此高原荒野，实在不妥，我自知。我经常觉得：搞自然科学的专家就像圣贤老子，之乎者也，在他们口中，发音成了界门纲目科属种……开玩笑的，入了这个坑，对他们是真心顶礼膜拜，刚才的玩笑，是盯着中国植物志的百科描述而发的。

当虎耳草遇到红毛，立马就有了江湖气，但细看，只是花木兰着了武装。鬼吹箫，又是一个非人间的。不是说来巧，仿佛就是这么设定的——我躲

{ 华丽马先蒿 *Pedicularis superba* ↑

{ 红毛虎耳草 *Saxifraga rufescens*（叶、花）↓ ↘

{ 大王马先蒿 *Pedicularis rex* ↑

| 西藏珊瑚苣苔 *Corallodiscus lanuginosus* ↑

| 藏象牙参 *Roscoea tibetica* ↗

| 鬼吹箫 *Leycesteria formosa*（花、果）↓ ↘

⎰ 火烧兰 *Epipactis helleborine* ↑

⎰ 扇唇舌喙兰 *Hemipilia flabellata* ←

⎰ 叉唇角盘兰 *Herminium lanceum* ↓

在一块大石头后小解，立定那一刻，目光逡巡，就那么轻易看到了。当时不认识，但那陌生的撩人的喜悦，已经慑住了我。同枝又看到它的果，更显鬼魅……咿呀呀……但此时哪敢恍惚，我是在爬山呢……换作平日，我情愿被引诱，情愿在此荒山野岭，弃人间，入聊斋。

西藏珊瑚苣苔，属苦苣苔科多年生草本植物。我喜欢苦苣苔植物，叶基生，莲座状，花筒状，紫蓝色，是个小铃铛，一看就是有传说、有故事的。

樱草杜鹃灌丛下，本来是被乌鸦果邀请，无意侧目，却看到更惹人的藏象牙参。此参非参，亦无象牙。在此语境下，松下兰，也不是兰，而是鹿蹄草。藏象牙参属姜科，有块茎根，花色红紫，观此颜值，易被盗挖。草木界，红颜也薄命。

舟叶橐吾，黄帚橐吾，那个橐字真让人犯难，队友每次问我，这是什么，我说橐吾啊，橐吾，可以叫它脱衣舞。

见到总状绿绒蒿，完全没有思想准备，之前想着绿绒蒿多在流石滩。我最喜欢看雨中的绿绒蒿花瓣，换了丝绸。一串珍珠般有着亮黄色蒴果的丁座草，此时花期已过。丁座草，寄生草本，如列当。常寄生于杜鹃花属植物根上。这里是云杉冷杉、高山杜鹃混生林。不知什么时候起，人类对寄生半寄生植物情有独钟，总是渲染它承受起的非凡魔力，赋予很多超然的东西。

对丁座草来说，我来晚了。但对大钟花来说，我又来早了。远远的，十几米开外，我被这株绿色嵌缀的米黄色地毯所吸引，稀碎杂草间杂苔藓，那里有一株比登山鞋长宽大一倍的硕大叶面的草本。回来一查，才知道是龙胆科大钟花，它算不算是最大码的龙胆科植物呢？

我到底算哪里人？异乡人？离乡人？当这个人在四川地界看到甘肃薹草，是什么感受？薹草能听懂乡音吗？哦，异乡人，你一生被甘肃送行，也被深圳的大榕树挡在门外！

以为是毛茛科升麻，仔细探究可能是蔷薇科假升麻。此真假二麻，可以和香椿臭椿比对一下，真假和香臭，貌似亲兄弟真姊妹，其实分属两个科，

{ 甘肃薹草 *Carex kansuensis* ← { 高山野丁香 *Leptodermis forrestii*

{ 贡山假升麻 *Aruncus gombalanus* ↙ { 松下兰 *Monotropa hypopitys*

〈 云南甘草 *Glycyrrhiza yunnanensis* ↑

〈 糙毛报春 *Primula blinii* ↑
〈 西南金丝梅 *Hypericum henryi* ↓

｛ 舟叶橐吾 *Ligularia cymbulifera* ↑

｛ 总状绿绒蒿 *Meconopsis racemosa* ↓

｛ 丁座草 *Boschniakia himalaica* ↙

｛ 大钟花 *Megacodon stylophorus* ↓

两个世界。我真有点犯浑，恍惚是在梦中，很想逃离这种无力分辨又无法摆脱的鬼魅困境。

高山野丁香，毛茸茸的，认识它，也是徒步回家后，翻遍手头所有高山植物图鉴，检索海量网络图片，好几天茶食不香，魂牵梦萦，万般无奈之后，求助于朋友圈，最后确认——高山野丁香！

林中还有行将枯朽依旧站立的大树，浑身臃肿裹缠着我无暇分辨的藓类。林下横七竖八的，看来是人力伐倒的，很多已经降解成海绵体的树躯，成为众多苔藓蕨类的家园。珊瑚菌和杯菌，形色俱佳，但，口勿靠近啊！

行走轨迹一直在山谷半山腰，午后，谷底和缓处，慢慢靠近水流灌丛。西南鸢尾第一次进入视线，它的蓝紫花色和金黄脉纹格外深重，无愧于高原的馈赠与厚植。因为初见，背着重包在溪谷艰难地爬上蹲下，猛拍。后来几天，在很多湿地沟谷多次遇到，枉费了当初的癫狂。

今日徒步，我几乎没有提到队友。一天的重负，急升，躬行，少言，在下午近五时，换来了阳光穿透云层的报偿！奖赏了海拔4000多米区域的平缓！回报了我站在一个山包，可以暂时卸下疲惫，对逆光中的第一个高原牛场长久地凝视……那里有神祇的宁静！有牛羊的安息！有久藏于我内心的应许！我们从跌宕进入安详，从人间来到神国。

当所有队友不停地询问队长：离营地还有多远的时候，队长总是用快了快了来应付，大家心知肚明。终于，来到一处牛场，是户外七星营地。队长说，好了，就这儿吧。

这里离我们的计划营地丹滴卡牛场还有1公里，但大家实在不想再走了。既定的此处，是平缓U形山谷的最下游。有一处石块叠垒的废弃残垣，我们的营帐环绕支开。队长交代，扎营时动作要温柔，防止高反。进入海拔4100米高地，身体要小心翼翼，心态要如履薄冰……

我半个身子躺在支好的帐篷里，下半身躺在草地上。此刻疲惫清空了身体的杂质，心里空荡荡的，无悲无喜。此刻躺着的这个人真的就是经年生活在低海拔，经常被焦虑追杀的那个人吗？为何我们在不同的生境，内

西南鸢尾 *Iris bulleyana*

心塞纳着不同的东西。此时此刻，哪种场景才是真实？如何确证？

　　做饭了，伙计们！队长在帐外吆喝。我、队长和另一个队友，三个人共用一套锅炉。除了私人必需，户外共用的部分物资，分散携带，是很好的减负。队长把炉子支在废弃石墙旁，我去十米开外的溪流中取水。除了今天见过很多次的橐吾，溪水边还有几株钟花报春，它在水中的倒影，是不是顾盼自恋？钟花报春花期已到尾声，花瓣褪色残破，我自言自语，谢谢你等着我……

　　我慢悠悠地坐在石头上煮我的面条。队友们都早早钻进帐篷。炉火嘶嘶，我抬头，天色被日落浸染成紫红色。不远处牦牛吃草时铃铛响动。暮色渐浓，不见牧人。

　　帐篷鸦雀无声。我坐在暮色里，有一丝孤独，脑海中有生活中的人影闪过。如此遥远，如此虚幻。我在想，如果此刻旁边有只什么猛兽，我们说不定也能对坐片刻……

営地，白色帐篷是我的

洛克线。植物记。

2020°07°22

四翁村 + 原始森林 + 丹滴卡牛场

07.
23.
2020.

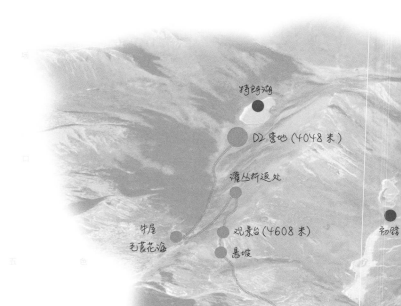

特朗湖

D2 营地（4048米）

灌丛折返处

牛屋
毛茛花海

观景台（4608米）

悬坡

初错

丹滴卡哑口，可观三子
（4680米）

A○─D2

特朗湖 / 丹滴卡牛场

| 丹滴卡牛场附近露营地　↑ | 丹滴卡牛场　↙↓ | 丹滴卡湿地，有赤麻鸭　↓ |

昨晚入帐，睡意蒙眬中，突然被谁的大嗓门吵醒，伸长耳朵仔细辨听：原来是牧民圈赶自己的牲畜，由于夜黑，经过我们营地时借用手电。有队友借出，那边说明天早晨来还。

吆喝声和铃铛声远去，一切重归寂静……夜色就像一顶大被子，我们都是被子里的孩子。我们，是人，是野兽，是野花草木，是不肯睡去的溪流……

夜半，有小雨敲打着帐篷，迷糊的心有点儿收紧，但很快坦然。很多事，当你觉得无处可逃，反而让人平静。"当你起航前往伊萨卡／但愿你的旅途漫长／充满冒险，充满发现……"（卡瓦菲斯／希腊）

晨起是不约而同的，一个帐篷有动静，其他也就醒神明目了。太安静。在帐内收拾好睡袋，出帐。外帐上的水珠如黄豆一般大，早晨露水雾气重，小水珠缓移凝结，然后快速滑落。远眺，我们今日行进的山谷口，有阳光照亮白雾缠绕的山头。

队长说可以不急于收帐，让阳光照着稍微晾晒一会儿。一个外帐，如果被雨水浸透，起码要增重1千克。我的背负，都是按克数计量的，基本在家里逐个称重，有时会为几十克的东西伤透脑筋。

在昨天取水的地方靠下一点儿洗脸刷牙，溪水冰凉，只是将毛巾沾湿后擦一把。刷牙时无意间瞥见水中的倒影，眼皮隐约有点儿肿胀，掏出手机一看，果然是。户外徒步，各有各的高反，我除了稍有一点儿鬓痛，主要的表现就是眼皮浮肿。

早餐是山之厨，很难下咽。我的经验是，吃它的时候心思往别处想，分散味觉注意力。携带山之厨是因为早上要赶时间，不能和晚上一样悠闲地煮面条吃。间隙，队长让队友给大家分发维生素C胶囊。预防嘴皮干裂。

也不敢太晚出发，今天一整天都会在海拔4000多米区域起落爬行。出行不远，经过一处高山湿地，居然见到我熟悉的赤麻鸭，有十多只，初见，有点意外。赤麻鸭在西北是冬候鸟，在渭河流域常见，但没想到在这么高海拔的湿地见到它们。从镜头里看，这些赤麻鸭比我渭河流域的所见，毛色浅淡，并不像高原野花那般极尽艳丽。

| 丹滴卡另一处牛场　↑

| 丹滴卡湖　↓

　　　　　　　　　　　　　　　　　　　　　　　| 攀爬丹滴卡垭口　↑

再走，有牛场豁然出现在我们面前，牛棚有五六处之多，可见牛场及外延之广阔。有三四只藏獒远远跑来，当然不是迎接，是呵止。我们立定，对峙。片刻，我们结伴前行，它们躲让，但依旧不示弱。我们高声喊叫扎西德勒，但牧民们正在挤奶，顾不上招呼，此时是他们一天最忙的时刻。

有牧民慢慢靠近我们，向同一方向的一处牛棚走去，一边和我们寒暄，笑容可掬，犹如街坊故人。他归还手电，也没有感谢的虚套。高原上，相互帮助是理所当然的。

"当你起航前往丹滴卡（伊萨卡）/ 但愿你的旅途漫长 / 充满冒险，充满发现……"这就是丹滴卡牛场，是我们的原计划营地……经过时，我再次默念希腊诗人卡瓦菲斯的诗句。他有他的伊萨卡，我有我的丹滴卡。

幸亏昨晚不是在此歇宿，要不这五六家牛场的牦牛铃铛够让我们一夜好受。过牛场，一处偌大海子映入眼帘，这就是丹滴卡湖。我心里再次默念"当你起航前往丹滴卡……"

绕湖上切，在流石滩石缝遇到一株足有三米高的掌叶大黄。此大黄，是我见过的最大株的高山草本。叶片有半个平方米那么大。如此大的植株，如此短的生长期，我能够想象它脚下的根系，它的苦涩、无声、幽暗的抽水马达，它的勤奋，它的披星戴月。

上急坡，身未稳，汗未擦，头未抬，心还在此起彼伏，湖边已有凛厉警告。藏獒，牛场的形象代言和守护神。那声音像子弹飞来，让人毛骨悚然。好在，后面紧随一个牧童，藏獒的职责就此结束。我们附送牧童扎西德勒，又高声向无名湖对岸喊送扎西德勒，那里黑色牦牛被围栏围住，看来挤奶工作还未完成。这边我们绕湖，那边牦牛突然出栏，蹚过浅水，冲向南岸，饿坏了。

又急升，从海拔 4200 米到海拔 4680 米垭口，足足用了一个半小时。我基本走在前列，不是体力有多好，而是因为流石坡。那里生长在碎石缝隙的奇花异草最为集中。我必须将速度提升，走在队前，这样才能挤兑出一点儿时间用来拍花，至于背上的大包，奔花拍花，真的感觉不到重负。

⎰ 察隅婆婆纳 *Veronica chayuensis* ↑   ⎰ 多星韭 *Allium wallichii* ↑

⎰ 灯架虎耳草 *Saxifraga candelabrum* ↓   ⎰ 齿叶虎耳草 *Saxifraga hispidula* ↓

{ 绵参 *Eriophyton wallichii* ↑

{ 羽裂雪兔子 *Saussurea leucoma* →

{ 高河菜 *Megacarpaea delavayi* ↓

掌叶大黄 *Rheum palmatum*

绿绒蒿，花期尾声，但仍可以见到五六种。和昨天原始林下次生林缘的植物不同，这里高原特征逐渐明显。绿绒蒿和块石叠石相伴，独一味紧贴地表，高河菜、螺距翠雀偶秀于灌丛，大家族的马先蒿虽然广布，但不同种有各自固守的海拔位置。丽江马先蒿、石砾唐松草、关节委陵菜，交相呼应，如糖丸，诱我前行。

山友功哥已经在哇哇大叫了。这样的一声好处多多，让后面队友听到，心领神会，加快步伐：这是到了海拔 4680 米的垭口，有无敌美景等着。

果然，三神山之一的夏诺多吉就在眼前，在这个垭口看到的是夏诺多吉的东南坡。被云雾遮掩的雪峰时不时露脸，我们环绕三神山的徒步正式启幕。

从地质构造来说，夏诺多吉是中生代地层，在后期造山运动中被强烈挤压，形成几乎直立的倾斜褶曲，后又因冰劈和冰川侵蚀，形成尖锐角峰。那尖峰，终年积雪，是神的云台。那里搁放着一个词：崇高。

我兴奋地摔下大包，爬到比垭口更高的石崖下，极目远眺对面的夏诺多吉。我不喊叫，不是怕高反，而是……这一刻，我内心充满了洛克，虽然，百年时光，物是人非，但洛克先生亲眼目睹过的那座山体从未改变。我们看到的是同一座神山，我们用不同的方言，在不同的视角，赞美着同一个造物主的所造。此刻，洛克先生，让我重温你的喜悦。此刻，我情愿自己是从前的你，是你的替身，是你的眼睛。

足足在此停顿了半个小时，拍照。间隙，拍到很多石砾下的花。

近景，是相连的两座情侣湖初错，上湖干涸成半湿地，下湖湖色粉蓝。我们并未在垭口用餐，我们向初错方向下行，心存侥幸，想望见夏诺多吉拨云见日的那一刻，一边用餐，一边欣赏雪山美景……可是我们没有等到这样一刻。一点多，我们在湖上山脊高处，开始用餐。牛肉干，巧克力，热水。

我坐着的右手，是高山杜鹃灌丛，有一株高河菜升出灌丛，更高的一株是全缘叶绿绒蒿。高河菜是十字花科，它在云南大理是名贵特产植物。

| 海拔 4680 米的丹滴卡垭口 ↑ | 在垭口俯瞰初错姊妹湖 ↓ |

将鲜叶洗净，用开水微焯，加上芝麻、姜丝、热香油，浸拌入土罐，腌成咸菜。这种做法是资料上看到的。

每次见到全缘叶绿绒蒿，我都童心萌发。拍照后，翻开沓拉的黄色花被，那里一定一定，有几只不干活、正在偷懒睡觉的食蚜蝇，看那架势，是把这里当成了养老院，赖着不走！资料说：闭合的花被里，温度要比外面高上好几摄氏度，这我信！可以和晚上露营的帐篷做一联想。

餐毕起步。我们要爬上那个山崖——队长指了指左前方说。那里流石丛生，有条微白隐现的横切路迹。谁"啊"了一声。远看，那确实是个难度。我不敢吭气。行路如生活，很多时刻，真的不敢出气出声，需要咬住牙前行。

我依然走在前列，这一次不是为了拍花，而是——前行队友如果将胆怯传染给我，我很可能一败涂地，我有恐高症。途中看到了另一种雪兔子，

| 全缘叶绿绒蒿花被里的食蚜蝇

〉 高原毛茛 *Ranunculus tanguticus* ↑

〉 钟花垂头菊 *Cremanthodium campanulatum* ↓

〉 紫茎垂头菊 *Cremanthodium smithianum* ↙

〉 木里垂头菊 *Cremanthodium suave* ↓

丨 髯毛紫菀 *Aster barbellatus* ↑

丨 长根老鹳草 *Geranium donianum* ↑ ↑

丨 云南无心菜 *Arenaria yunnanensis* ↓

丨 滇边大黄 *Rheum delavayi* ↑

丨 大理无心菜 *Arenaria delavayi* ↓

| 队友翻越海拔 4608 米观景平台垭口 ↑

| 海拔 4608 米的三面环谷观景平台 ↓

羽裂雪兔子，是我此行拍到的最喜欢的雪兔子，就在路基上坡，拍起来顺手。靠近爬升悬坡时，大家不约而同放包，戴手套，收手杖——这是要四脚爬行了。但此刻，我近距离观察后，心里已不再那么恐惧了，我知道，问题不大。

此路虽然陡峭，但路面被牦牛踩过，并不狭窄。坡下无摔死的牦牛，也无散落的衣物。路迹豁口在悬崖处向里切入些许，近看，路显得并不陡立。

深呼气，再吸，不戴手套，缩杖，紧一下背包腰带。不看前路，只看脚下，注意力高度集中，一步一步，徐徐爬行。爬行。爬行。在一缓坡拐弯处，稍作停顿，但没有将包放靠石头停歇。如果那样，身体姿势要切换几次，稍有不慎，身体失去平衡……不敢多想，不敢久留，不敢挪移目光回看其他队友的情况。再爬，余光中出现灌丛，知道已经爬上来了。不敢喊叫，也不说话，我的快速爬顶已经暗示了队友。看到他们有节奏地爬爬停停，心里安慰许多。户外，队友是一个整体，其中的每一个就是肢体，安危与共。

海拔 4608 米的观景平台，花海似毡，红紫圆穗蓼和黄色高原毛茛彼此镶嵌，彼此映衬。矮小普氏马先蒿隐藏在圆穗蓼下，低调而自足。我安静地拍摄，等待队友。这里是三面环谷平台，270℃景致，若是天气晴朗，对面三神山可尽收眼底。

队友依次出现在平台，都淡定。来不及拍照，骚动，此刻天色不妙，黑云密布。我们一边讨论刚才陡坡的倾斜角度，一边按照队长在卫星地图上标注的轨迹前进。可是，路在哪里呢？最初明显的轨迹逐渐隐没在灌木丛中。这里是山体脊背，而我们的方向是特朗湖，左手山谷汇入另一条较大山谷的尽头，也是冰川运动形成的冰碛湖。可是，路呢？弓背山脊伸入特朗湖那里，是黝黑深邃的山林。队长说，那里一定是悬崖，无路可走。

踌躇中，雨点落下来，套上雨衣。在灌丛中突围，是户外的梦魇，虽然安全无虞，但极耗体力。队长说，不能这样走了，我们要往回走，在山谷上游，寻路下切。

刚才爬坡的生猛，在此刻陡坡下行时换成了狼狈。我一直担心的左脚

{ 囊距紫堇 *Corydalis benecincta* ↑

{ 糙果紫堇 *Corydalis trachycarpa* ←

{ 条裂黄堇 *Corydalis linarioides* ↓

┆ 硕大马先蒿 *Pedicularis ingens* ↑

┆ 石砾唐松草 *Thalictrum squamiferum* ↓

┆ 丽江棱子芹 *Pleurospermum foetens* ↑

┆ 少花粉条儿菜 *Aletris pauciflora* ↓

﹛ 槲叶雪兔子 *Saussurea quercifolia* ↑

﹛ 矮小普氏马先蒿 *Pedicularis przewalskii* subsp. *microphyton* ╱

﹛ 美头火绒草 *Leontopodium calocephalum* ╲

﹛ 高山露珠草 *Circaea alpina* ↑

﹛ 樱草杜鹃 *Rhododendron primuliflorum* ↓

有了明显不适，下坡起步时由于忽视了鞋帮最上处的鞋带捆绑，让脚趾很容易在鞋底滑动，脚趾头挤压在鞋尖。此时，无法停留解包，只能将体重分散在手杖。及至谷底，迅速脱鞋查看，已是四五指黑紫，晚了一步……用创可贴和硅胶护套做了防护。后半程，几乎是把所有重量转移到两根手杖，跌跌撞撞走到营地的。

高原毛茛铺满整个山谷，金黄地毯高台处，有牛棚，那是我的田园味。但我们不敢停留，天色已暗，离营地还有几公里，拿出头灯做好夜路准备，继续赶路。

湖畔上游杂树丛生。螺距翠雀，乌头，黄精，叫得出名字，也只能匆匆一瞥了。林下的幽暗叠加着暮色，让夜幕提前到来。

不知前路特朗湖边的状况，是否能够扎营，也不知到湖边还有多远。夜色中，一切失去判断，人的感知变得迟钝，疲惫加焦虑，让大家寡言。经过一处稍微开阔的杂草地，队长说要不就在这里扎营吧。此地草盛林密，地面起伏，不是理想营地，但我们也失去了前行的底气，怕就怕往前继续走，即便这样一处勉强凑合的草地，再也遇不见。湖边，往往是湿地和沼泽。

在头灯下扎营。我们是自投罗网的好肉，蚊虫缠绕盘旋，挥之不去。晚饭只是烧了开水，泡饭，躲在帐篷里简单解决。很快，帐篷都安静了下来。

我一个人穿行林下，到 20 米左右的溪谷去洗脸刷牙。离开帐篷时，队长说，拿上手杖吧！就这一句提醒的话，把我心中的虎豹、隐藏在林中的豺狼全部招引出来了……在水边匆匆刷牙，一边怯然四顾。第一次，在这高原荒山野岭，我有了胆怯之心……我怕后面扑过来一只什么，把我拖向更黑更暗处。而我的队友们，肯定听不见我的呼救——溪水颇大，水声很响……

我快速地回到营地，再次坦然镇定，前后几分钟的穿越，更觉生命无常、脆弱。入帐，松开脚趾，抹上碘酒，不知不觉，早早睡去。夜半时又有小雨，从帐篷的砰砰声中醒过来，巨大的安静无法让人快速睡去，清醒中，听到一个声音在拷问：你在何处安眠？无人回答，帐外夜色阴冷坚硬，如钢铁……

07.
24.
2020.

A○─ D3

达瓦牛场 / 特朗湖

D3 达瓦牛场(4371米)

雪糕

金矿

| 营地不远的特朗湖 ↑

| 国营牛场 ↓

| 进入雾中森林 ↓

外帐依旧被夜雨打湿，早晨天阴，无法晾晒。出发十多分钟即到特朗湖边，一看，是理想的营地。队友嗷嗷叫着，调侃着，后悔昨夜没有前行这一点点路程。我则在这里拍到了初见的鼬瓣花和绿花刺参。确认是鼬瓣花是在回去查证了植物志之后，当时只能初判为唇形科。绿花刺参，像是刺头版的大王马先蒿，没想到它是忍冬科的，看看，我这南辕北辙的外行。再次遇到鸡肉参和偏花报春。鸡肉参照例在低矮灌丛，偏花报春依旧在水一方，临湖张望。

特朗湖是冰碛湖，湖水颇深，湖边靠山一侧有气宇轩昂的杂树杉林，倒映在湖中。湖与树有着彼此敬重的肃穆，如伯牙子期。微风拂水，微澜鼓琴。琴音饱含柔情，广袤而绵长。在它们面前，我惶惶似虫蚁，无法聆听，更何谈对视。

前行队友又在喧哗，赶过去，是又一片悦目的草场。纷纷打趣：不走了，解包再营宿一晚。过一牧道小桥，虽是满眼云雾，但仍能感知牛场的开阔广大。西南鸢尾，前日初见让我欣喜，但此地铺天盖地，满溢出心地，没啥格外的喜悦了。而钟花报春，也是多得不知趣。花多不如草啊。

此牛场，有一两层建筑的"豪宅"，喊了半天扎西德勒，出来一位藏族老人。大家和他七嘴八舌对话了半天，我一句没听清。只隐隐知道，这是一处国营牛场。队长向老人确认今日路线，他频频点头。我们不假思索，右手沿山谷下行。

牛场林带交会处的杂草灌丛，有一处落地金钱密生带。落地金钱，这名字不知是如何起的，不食人间烟火的空谷幽兰偏偏起了个俗不可耐的名字。

山谷林木苍苍，虬枝上爬满苔藓，这溪边低谷的葳蕤景象，又让我想到洛克。我们此行的前三天，并不是驴友口中的传统洛克线，而是加强版的。野花应接不暇，我想洛克先生一定迷路来过此地。

直距楼斗菜和粗茎秦艽，在别处见过。云南紫菀和重冠紫菀，如果不是管状花丝的飘逸，我可能会习惯性忽视。紫菀面前，我宁愿闭目塞耳。

波密党参、抽莛党参、管钟党参，有教养又有颜值的三兄弟，结伴在此，

⎰ 钟花报春 *Primula sikkimensis* ↘   ⎰ 偏花报春 *Primula secundiflora* ↑   ⎰ 樱草 *Primula sieboldii* ↑

⎰ 钟花报春与西南鸢尾交织成花海 ↓

是为了迎娶对面的长梗蝇子草、喜马拉雅蝇子草、掌脉蝇子草三姊妹吗？

那株有着硕大花体的棉团铁线莲，让我当时真的无法和铁线莲一家联系起来。

队友在前面走着，我深陷于各种花瓣的应接不暇。正想快步追赶之时，我看到他们停止前进，背着包站在原地，交流着什么，队长不时低头查看手机……原来——走错路了！我们本该在国营牛场，沿山谷往上行，却鬼使神差地沿山谷下行了四五公里……

怎么办？队长让我们选择：一是继续下行，到达洛克线传统起点白水河，大概率就是打道回府；二是原路返回国营牛场。大家当然选择后一种，但是，原路返回，今天无论如何是到不了计划营地的，我们的日程会被迫推迟一天……而这高原区域，没有通信信号，后方的亲友得不到推迟出山的消息，会以为出事而担心，或选择报警，这样事情就搞大了……

没有万全，只有走着看了。回路是上坡，速度明显降低。户外，最痛苦的是走回头路，景致黯然失色，又是双倍的无用功。而我心中却有一丝窃喜，因为，这山谷花园是我多出来的奖赏。直到正午1点，我们才回到国营牛场。重包一扔，顿觉疲惫无力。大家商议索性在此好好歇一会儿，反正要多走一天了。

队友们各自拿出湿帐篷晾晒，有的打开防潮垫开始午睡，舒服得不成样子。牛场一只藏獒远远地呼啸而来，即近，声调却切换成低声呜咽，怂了，这是闻到我们的牛肉干了……摇尾套近乎几分钟，慢慢靠近，直接将嘴伸到手边，这哪是讨要，这是挨个抢劫吧！一圈下来收获不小……我也终于将前几年在年保玉则受到藏獒的惊吓，释解了一大半。

再一次打量国营牛场，上午只看见西南鸢尾、钟花报春等花。这一次我看不见它们了，我的目光忽然"看见"了安静，"看见"了香气。此刻，这坦荡无垠处，钟花报春高高擎举灯盏，映照出西南鸢尾矛盾而和谐的色彩——藤黄紫红。迷途知返，算不算一次粗心作业后的撕掉重来……我又想起上午走出特朗湖，一脚踏进牛场时，队友开的再宿营一晚的玩笑。

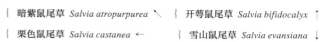

{ 暗紫鼠尾草 *Salvia atropurpurea* ↘   { 开萼鼠尾草 *Salvia bifidocalyx* ↑

{ 栗色鼠尾草 *Salvia castanea* ←   { 雪山鼠尾草 *Salvia evansiana* ↓

〉 康藏荆芥 *Nepeta prattii* ↑

〉 穗花荆芥 *Nepeta laevigata* ↑

〉 密花香薷 *Elsholtzia densa* ↓

〉 耳叶凤仙花 *Impatiens delavayi* ↓

林中迷途 ↑

达瓦牛场旁的增错, 达瓦说有羌活鱼, 我只看到小蝌蚪 ↓

一下子让心变得迟缓黏稠的，是这难得的迷路和休憩。如此迷路，似乎是虚度，却得到格外的赏赐。尘世间，我们经常用得到和失去衡量行事之果，却从未揭开表皮，探究深处的交错……得到即是失去，失去是得到更多……

牛场上行和下行，交融过渡的灌丛林相各异，杂生其中的花草也不尽相同。但被山体分隔在两处的同海拔植物，却是大致一样。高原，海拔是物种分布重要的区隔因素。刚才走过的这一段，重现了第一天看到过的很多植物。桃儿七、云南红景天、察隅婆婆纳、翠南报春、银露梅、白花刺续断、钻裂风铃草，都是再次遇见。

下午五点，爬升到台地，是一处高山牛场。我们露头出现在牛场边缘，一条拴着的藏獒开始跃跃欲试，厉声吠叫一阵儿，主人从牛棚出来。

这是一处私家牛场，和我们远远打招呼的是小主人，叫达瓦。他问我们一些情况，说户外徒步的人很少走这条路。显然，他对我们的到来是又意外又欢喜的。他问我们要不要住他家牛棚，口气没有先入为主的商业招揽。这点让人舒服。天色不好，有牛棚，就让人顿觉解包扎营是多么麻烦的事。

我们今晚要住的是另一闲置牛棚，原是主人晾干水洗老虎姜的地方。老虎姜是中药名，它是卷叶黄精的块状根茎。我亲尝过刚刚挖出土的生根，有苦瓜那么苦。相反，黄精本种，块茎似鸡头，俗名鸡头参，却是甜丝丝的，煲鸡汤，口感格外温润。这同门兄弟，一苦一甜，性情迥异。

牛棚旁的水管下，达瓦妈妈正在冲洗着一大堆老虎姜，她一边冲洗，一边不时抬头将笑脸迎向我们。达瓦招呼我们进入他家的生活牛棚，大家围着棚内火塘坐定，我们坐的一侧有一大桶酸奶，达瓦递来大勺，要我们随便食用。酸奶确实好喝，酸味纯净，甘绵有力。

火塘之上架空层叠放着一整架大块干柴，达瓦将塘火弄大，烧水，很快冲了酥油茶。高原徒步，这是最享受的时刻。寒冷中的火塘和酥油茶，无论你今后身处何地，都会想起这一无法在舒适生活里再次享受到的惬意。

| 波密党参 *Codonopsis bomiensis* ↖ ↑

| 管钟党参 *Codonopsis bulleyana* ←

| 抽葶党参 *Codonopsis subscaposa* ↓ →

{ 唐古碎米荠 *Cardamine tangutorum* ↑

{ 绿花刺参 *Morina chlorantha* →

{ 髯毛缬草 *Valeriana barbulata* ↓

{ 螺距翠雀花 *Delphinium spirocentrum* ↑

{ 落地金钱 *Habenaria aitchisonii* →

{ 粗茎秦艽 *Gentiana crassicaulis* ↓

和达瓦聊天中知道，藏牧民从不在高山处砍树，因为山是他们的神。烧柴都是在低处山谷砍伐后由牦牛驮上来的。达瓦今年才 20 岁，已经是两个孩子的父亲，他的老婆和孩子有时住在稻城县城，有时住在山下村子。这几天他是给父母驮送吃用来的。

不一会儿，达瓦爸爸从山野赶牦牛回来，进牛棚歇息。达瓦妈妈坐在火塘旁，给大家做饭。他们一家三口坐在火塘另一侧，柴火忽明忽暗照着他们一家，质朴自然并岁月静好的脸庞如一幅油画，就像夕阳余晖里的一棵草挨着另一棵，彼此渗透着交融着生命的连结与温暖……眼前这一幕，已很少在我的生活中再现了，这画面并不陌生，却也仓促走远……

有对讲机挂在门口，时不时有声音呲呲作响。原来现在牧民上山，都是拿着对讲机的，山下村子和高山牛场有啥情况，彼此可以通过对讲机联系。队长问达瓦，能不能想办法联系我们的亲友，告知我们推迟一天出山的新状况。达瓦满口答应，说他明天可以爬到某个有信号的山头，打电话或发信息。队友们各自留下电话号码。过几天出山和亲友的通话中，得知达瓦第二天就践行承诺。憨厚信实的达瓦，谢谢你……

牛棚里有电灯照明，可以给相机、手机充电，出乎我们之前对高山牛场认识的意料。达瓦说，这是小水电，一个简单的设备，架设在溪流落差处发电，日常够用。

走出牛棚。草场边有一个冰碛湖，叫增错。湖里有一种羌活鱼，达瓦说，前阵子，有人来捕捉做研究标本。羌活鱼学名山溪鲵，是小鲵科山溪鲵属的两栖动物。资料上说它可以生活在海拔 4000 米以下区域，而增错海拔为 4250 米，自然中的花鸟草虫，其真实状况往往有异于志书记载，给研究鉴定者尴尬。山溪鲵由于可食可药，目前濒危。

我来到湖畔，在石缝和水边灌丛根隙处寻找，未果，却惊动了静默于湖边水草里的小蝌蚪，它们用缓慢游动来表示自己的存在，并非惊慌乱窜。我试图伸手捉一只，却马上被刺骨的湖水所阻止。我理解了它们的迟缓。

湖边灌木丛中，远远看见有粉红色的花。走近，是鸡肉参。这三天的

{ 察瓦龙紫菀 *Aster tsarungensis* ↑

{ 重冠紫菀 *Aster diplostephioides* ←

{ 钻裂风铃草 *Campanula aristata* ↓

{ 斗叶马先蒿 *Pedicularis cyathophylla* ↑   { 密穗马先蒿 *Pedicularis densispica* ↑   { 五叶老鹳草 *Geranium delavayi* ↑

{ 草玉梅 *Anemone rivularis* ↓   { 棉团铁线莲 *Clematis hexapetala* ↓

掌脉蝇子草 *Silene asclepiadea*   ↑

长梗蝇子草 *Silene pterosperma*   ←

喜马拉雅蝇子草 *Silene himalayensis*   ↓

徒步，我每天都会见到它一两次，但每次都是一株，它的花期将尽，是最后的留守，是专门等待我的吧！

暮色将浓，回到牛棚。晚饭做好了，热腾腾的米饭，藏香猪肉加土豆。还有个菜汤，高原上，这菜确实难得，原来是达瓦从山下用牛马驮上来的。今日能给我们吃，显然是将我们当作贵宾了。

饭毕就寝。牛棚顶是用石板遮盖的，有隐隐白光漏进来，也不知今夜是什么月相？

| 达瓦母亲在清洗老虎姜

| 达瓦和他家的牛棚

07.
25.
2020 。

A ○— D4

草塘牛场 / 达瓦牛场

D4 草塘牛场 (4116米)

归入传统路瓦线

森杯独木桥遇险

大峡杯迷路

横切左侧

山各牛场

元各海子

达瓦垭口(4747米)

烽燧

D3 达瓦牛场(4371米)

达瓦牛场上方牛场

早上去湖边洗漱，在昨天看见过小蝌蚪的地方，特意再找羌活鱼，还是没有。却发现了另一种疑似高原鳅的，和蝌蚪一样淡定，只有两厘米那么长，有点儿像没有触须的小虾。

一到高海拔，会特别留意山谷溪流、高原湖泊，对这里生存的每一种生物，抱有极大的好奇和深深的敬意。看着它们，我总会思考它们是如何来到此处的？是借靠动物或暴风的裹挟迁徙而来，还是由于地壳运动高原隆起的孑遗？

达瓦妈妈正在挤奶，爸爸在区隔吆喝，达瓦打哑语暗示，让我们尽量绕行挤奶现场。因为我们的绿蓝花红户外衣装会惊吓到母牛，从而影响牛乳的产量。

爸爸妈妈在忙，达瓦招呼我们，打了酥油茶，蒸了馒头，这馒头是山下晒干后拿上来的，可以存放很久。

用餐时，从牛棚门看见外面叮叮咣咣地走过一队马帮，达瓦说这是去后山采金矿的。水洛河两岸是传统的金矿区，洛克早年就有笔录。讽刺的是，这个金矿的老板是外地人，但雇佣开采的人却是本地藏民，开采的山还是藏民心中的神山。

我们照例烧水灌满保温瓶，达瓦反复交代队长，翻过垭口一个岔路口后要格外注意，靠右，不要走错方向。给他酬谢，小伙子还客气了半天。我们收拾好东西一直磨叽到九点，才起步。

爬上半坡，回看达瓦家牛场，我很喜欢这个地方，和善憨厚的一家人，可以让身边的草地熠熠生辉，让湖泊波光粼粼。

经过一大片黄色高原毛茛花海，其中也有深紫马先蒿

| 翻越垭口后下行　↑

| 一大片火烧林，如电影中的奇幻世界　↓

| 迷路了，开个小会，统一思想　↑

洛克线。植物记。

2020°07°25

初错 + 火烧林 + 沼泽 + 草塘牛场

点缀。它俩成功地将自己从牛马口中解救，眼下对酌狂欢。

白色埃氏马先蒿是此行见到的海拔最高、最可爱的马先蒿。

海拔 4747 米垭口可以远望三神山，特别是夏诺多吉，这里正好可以看到积雪最多的一面，可是，和前几天一样，依旧是阴天，依旧是隐现。没有前天第一次到垭口的兴奋忘情，稍加观望，即刻下山赶路。

过了一个小海子，向左横切，在另一处海子边再次见到一株硕大水黄。此时，开始下雨，看云雾，好像是大面积的。穿好雨衣。按照户外装备标准，冲锋衣是必备，防风防小雨，可是冲锋衣厚重笨拙，舒适性不高，也不好收纳。再好的冲锋衣，在防雨上也敌不过一件户外薄雨衣。除非你不差钱，可以配置动辄几千块的"鸟衣"。有点儿经验的山友，慢慢会根据经验搭配出私人版的"冲锋衣"。我的是保暖速干内衣，套抓绒，外加软壳。但这是小雨版的，如果中雨大雨，必须再套上雨衣。

戴帽雨衣在大雨中让人反应迟钝，手机由于雨水打湿屏幕，也间歇性失灵。不知什么原因，队长这次没拿 GPS（全球定位系统），而是用手机代替导航。

雨雾中，本来没有牛场，但吼叫的藏獒让牛场的牛棚隐现出来，这过程就像暗室显影。有个看起来十来岁的小孩跑到牛棚外，一个女人跟着出来。队长正好确认一下路线。女的居然是小孩的母亲，开始还以为是姐弟呢。

雨在下，方位参照物全部消失，只能靠手机离线轨迹，队长不时艰难地在手机上确认。穿过一处被山火焚烧过的杜鹃枯枝林，再钻进黢黑的杉林中，队长突然醒神，停住，说：不对，走错了，不该是这里。

回头，走出杉树林，队长和其他几个队友开了个小会，判断确认了一下路线。回走几百米，在一嶙峋山石处找到路迹，沿山脊下行。但显然，这不是一条成熟山道，这是放牧时随意踩踏出来的牧道，路迹时而明显，时而消隐在灌丛不见，我们陷入进退两难之境。

雨正在下，越下越大。无奈，只能按照大方向在灌丛中强行下山。尽管有雨衣防护，但时间长了，袖口和小腿处都有雨水浸入，好在脚下这双

云南棘豆 *Oxytropis yunnanensis* ↑

直茎黄堇 *Corydalis stricta* ←

独一味 *Lamiophlomis rotata* ↙

哀氏马先蒿 *Pedicularis elwesii* ↓

洛克线。植物记。

2020° 07° 25

初错 + 火烧林 + 沼泽 + 草塘牛场

鞋子还够有担当，防水能力确实不错。这一切有什么要紧呢？在高原进行较长时间的徒步，将会历经各种天气，阴晴圆缺，暴雨寒风，本来都是日常。

高原荒野，牛道也就是雨水冲刷植被裸露后的水道，或者反过来，雨水冲刷后的水道成了牛道。此刻，我们踩着红色泥水，双手拄着手杖，小心翼翼地在灌丛中出出入入。时间长了，外在的一切声景渐渐消隐，肢体动作都成了潜意识的惯性。

正是这样的时刻，我感觉沉睡的另一个自己正在苏醒。这另一个自己，正在对此在肉身轨迹重新矫正，在自然中重新回归。同时，正在对不堪的第三个自己接纳拥抱，也在对美好的第四个自己再次审视和确认。此刻会不会还有第五个自己，远离自己的自己，那属于另一个世界，在薄暮苍凉中举目四顾、拔剑长啸的自己？

下了一半的林坡，路迹逐渐显明，大雨变小雨，刚才收紧的气氛有了松弛。远远看见有人，迎向我们的下行山路而来。是牧民，背着东西上山。瞬间，我将这个人和山上牛场的那一对母子，组合成一家人。或者我把这个人置换成自己，此刻我就是背着东西上山的这个人。

从这块并不大的草地走出来，进入的是低处山谷带的冷杉云杉林，还有马尾松和杜鹃林。又到林中暗道，阴雨天，没有阳光穿刺，林下俨然另一个世界。光线暗灰反倒让苔藓蕨类更加嫩黄鲜亮。这是一片老林，树冠高擎，浓密如伞盖，但树干疏朗通透，有点儿像宫崎骏动漫中的情境。

没走多久，林下通道遇到关卡，可能是牧民防止牦牛下山跑丢而设。但这工程量也太大了吧！砍伐了大量的树枝叠放成一堵树墙，这哪是堵牛，这分明是防盗。队友分头在周边寻找另外的出口，不是悬崖就是深沟，没办法，只能挪开通行。快要走出林下时，再次遇到刚才一样的关卡，又折腾了半天，弄得大家气喘吁吁。

走出这片暗藏玄机的林带，再次遭遇另外的险情，我们被一条水量颇大的溪谷挡住了去路。溪谷上横架几根经年的树干，胳膊一样粗，绿藻密布。走过户外的人都知道，纵然你顶天立地，但在湿滑的绿藻面前都要谨小慎微，

{ 木根香青 *Anaphalis xylorhiza* ↑

{ 升麻 *Cimicifuga foetida* ↑

{ 滇川唐松草 *Thalictrum finetii* ↑

{ 狭序唐松草 *Thalictrum atriplex* →

差之毫厘，将万劫不复。多日的踩踏，木质的腐坏，溪水的咆哮，再加上背负大包时的体重，以及身体协调能力的丧失，让我们踌躇良久。

队友拉姆是长腿，他首先铤而走险，借靠双杖的支撑，双脚横着寸步挪移，过了！给大家做了示范和鼓舞。我颤悠悠，目光笃定，余光寻找手杖支点，在最后一步，右脚差点打滑，但也过了……队友依次通过，心弦紧绷时都缄默无语。

过这种有难度的溪谷，脚下的踩点如攀岩，极其重要。每个人的左右脚支撑，用力节奏各不相同，成功与否除了身体的协调，很大程度也取决于踩点和节奏。比如那个踩点本该是左脚的，你用右脚，就基本注定了失败……

好不容易走出林带，到了河谷，却发现这里无路可走。或是我们不熟悉地形，找不到那条唯一的出路。这些在照片里看起来无比美妙的湿地水洼，此刻面目狰狞，深藏险恶，但我们是一定要蹚过去到对岸，正式并入户外传统洛克线的。

各自突奔如鸟兽，分散寻找可行的安全路线。走了十几米，已经深陷灌丛沼泽，危机四伏，完全不知所措。每走一步，都是错误。沼泽地，我绝对没有胆量再走一次。可是这一次，让人有了绝地求生的熊胆。每个队友都一步一步，将仅能容纳一只脚的沼泽草岛作为踏板，像青蛙一样在一片又一片水中擎举的"荷叶"上蹦跳。这些"荷叶"经年累月，草根彼此交织，形成有一定支撑力的浮舟。但谁也不知道下一脚会不会踩到深渊。

我们就是四散的蝗虫，没人可以说出一声：这里可以，这边来！如果要说，只能是：这边危险，不要来！还好，我们安全地蹦出了沼泽。

两个字：狼狈。离开沼泽不到 300 米，我们再次被九曲十八弯的溪水阻拦。大雨后水量暴涨，我们只能脱掉鞋子，蹚水过河。虽然，大家各自有备用的雨鞋，但在这雨中，解包换鞋，却是极为抓狂的事情。这是一天的噩梦还没结束？

┆ 管状长花马先蒿 *Pedicularis longiflora, tubiformis* ↑

┆ 川西绿绒蒿 *Meconopsis henrici* ╱

┆ 唐古特虎耳草 *Saxifraga tangutica* ↓

┆ 黑蕊虎耳草 *Saxifraga melanocentra* ╲

接二连三的霉运让队员们心态有了变化。队长选择的渡口，在其他队员看来，并不是合适的，对面登岸处明显水又深又急。队长独自一人选择此处，其他队友绕上，在另一处看似河水和缓拐弯处，过河。河水极其刺骨，都在河水中哇哇大叫。过了河，再次进入毫无路迹的茂盛草丛……一切都无所谓了，鞋子进水也好！雨衣挂烂也罢！接二连三的挫败让人恍惚麻木……

终于，我们从今天的噩梦里走出来了，我们并入到传统意义上的洛克线。但我没有闲情来致敬洛克先生。

我们的队长，明显怒气冲冲。我跟在他后面行走，听他抱怨，想表达歉意。队长说，那个渡口，很明显是牛道口，你们为什么非要冒险去到别处？我一言不发。我慢慢恢复了理性。是的，队长说得一点儿没错，那是牛道口，是牧民的日常路线。

我一边行走，一边思考：为什么队友在这最后一关不听队长的命令，"背叛"了队长？作为一个领队，内心的悲凉我感同身受。思前想后，我想其中一个原因是不是：这两天的连续迷路，让大家对队长的路线"判断"产生了信任危机？

和传统成熟的洛克线不同，我们的线路前半段都是队长在卫星地图上自己设计的线路，虽有经验支撑，但和实地肯定有出入。这点出入，队员们思想上完全可以接受。比如森林覆盖区域，很难从地图上判断出这里是不是悬崖绝壁。这个攻略，换作任何人来做，都无法保证路线的准确无误。而对我来说，如果时间容许，我绝对认可山野中的弯路，远比捷径精彩多元，而迷路，很多时候，都可以印证山水美学中的柳暗花明。

一支队伍，领队指挥，民众听从，是彼此的契约，有超越生活层面的诸多内涵。领头羊带领，不是因为才能的全备，而是各自领受位分。如果再有一次同样的过河，我一定紧随队长，笃信不移。此刻，我有发自肺腑的歉意，通过文字向队长传递。

七点到达草塘牛场，这是洛克线的重要驿站。不管是从白水河方向沿

大雨中，对面是云雾中的夏诺多吉　↑

在草塘牛场营地看夏诺多吉　↓

来路在云雾深处　↓

峡谷到来，还是走我们的 516 版新线，到此必须停留，这也是养精蓄锐的一站。此站一出，会真正进入高原区域。

牛场有三处牛棚，其中一处貌似新近打造，围墙不是传统的石块叠垒，而是树干横叠而墙，显然是商业目的。但此刻牛场空无一人，棚门紧锁。

由于一天几乎都在雨中，各自不同程度有衣服鞋子浸湿，急需火烤。另一间牛棚上着锁。地势稍高的第三间，棚门象征性地用铁丝拴着。这个信息户外人都懂：主人是容许进入借宿的。

进牛棚的第一件事便是点火，有了火，牛棚才拥有灵魂。火，似乎人们习以为常了。但它在高原上依旧是神明一样的存在。照明，驱寒，熟食，哪一样不是神明之力。我们围坐在火塘旁，鞋子袜子搁放在周边烘烤，衣服挂在高处。就连那淡蓝色柴烟，此刻也温暖无比。

虽然没有酥油茶，但队友功哥朱朱夫妇煮了姜汤。今天遭遇的一切都是浮云，幸福像猫一样，此刻慵懒地匍匐陪伴在队友身边。

从下午三点大雨开始，一直到营地的六点多，三个多小时，居然一张照片都没拍过，就连手机的随拍记录都没有。

歇了一阵出外，雨小了，暮色滴渗着，云雾缭绕在四周山头。此处草场，是夏诺多吉的东南坡下……我想到洛克先生，近百年前的贡嘎岭之行一定也是在此歇宿。那个性情的洛克，孤独的洛克，一定也是在暮色中眺望着云雾遮掩的夏诺多吉。不同的一点：他铺开带有桌布的餐桌，眼前摆放着红酒刀叉，耳边是歌剧中的女声花腔，柔肠百结，回荡在这个寂静的高原山谷……

07.
26.
2020.

五色海(嘎巢错)

牛奶海(洛绒错)

央迈勇(5958米)

D5 新果牛场(4290米)

石崖神意处

流石坡

流石坡水毁豁口退

A ⊙ D5

新果牛场 / 草塘牛场

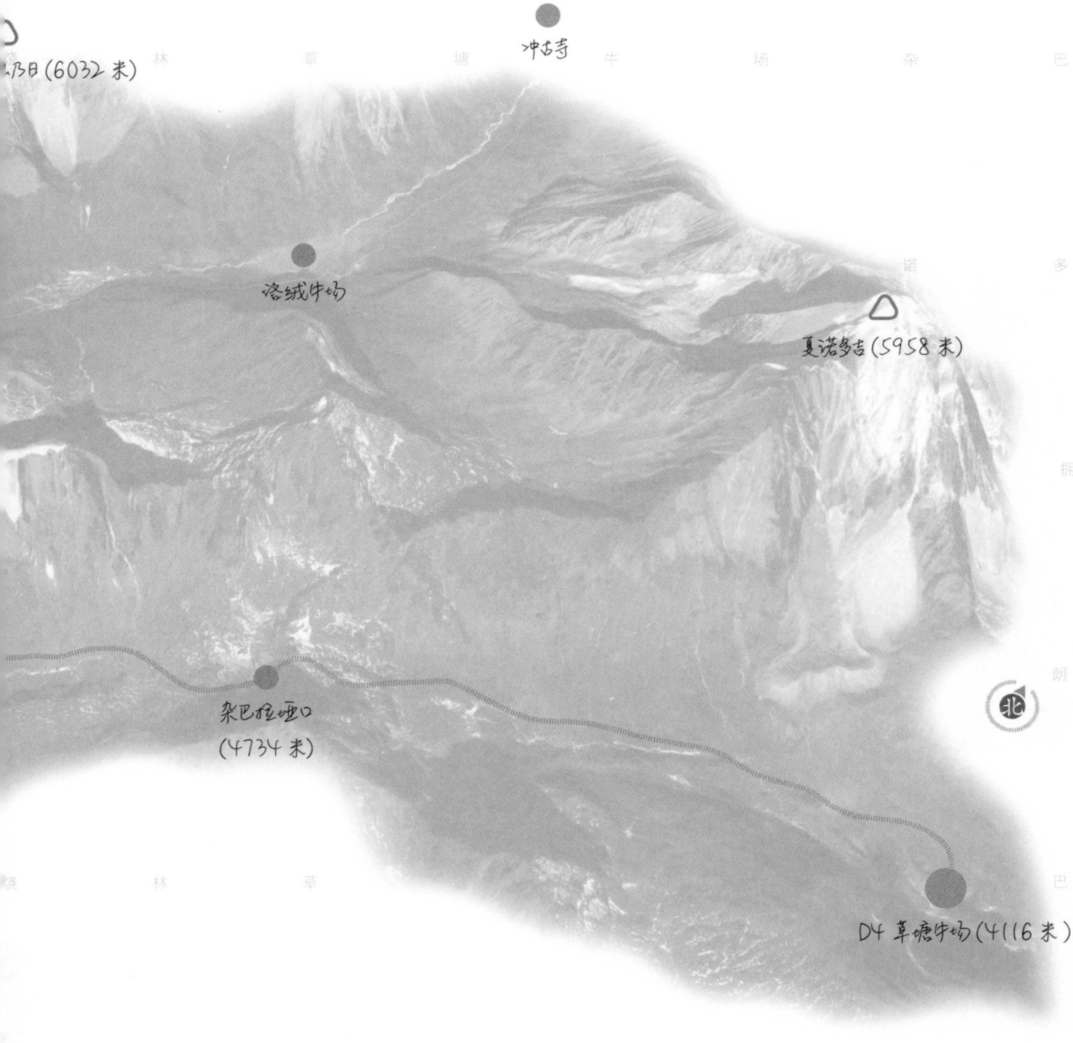

央迈日 (6032 米)

冲古寺

洛绒牛场

夏诺多吉 (5958 米)

北

朵巴拉垭口
(4734 米)

D4 草塘牛场 (4116 米)

| 翻越杂巴拉垭口前　↑
| 眺望雨雾中的杂巴拉垭口　↓

| 整天都在大雨中的泥泞之路徒步，疲惫不堪　↓

早起，行装收拾妥帖。比这更重要的，是让收留我们的这间牛棚恢复原样。我记得在达瓦家牛棚得到的礼仪：火塘里禁止焚烧垃圾。藏民的火塘，因为护佑和福泽，也被赋予神性。出门，依旧用铁丝拴门。我们来过，和没有来过一样。祝福这间牛棚，历风经雨，坚固永恒。

天色未见好转，草叶上雨珠累累。山色依旧延续着昨天的恶意。夜宿营地选择，一般在低处，因此，每天的起步，都有照例的爬升。虽然一夜休整，但脚下依然如灌铅。

大约 3 公里，走到万花牛牛场，这是我们的原计划营地。但因为下雨和迷路，再次拖欠了作业。

脚下是洛克线老路，是百年牛道，虽然路迹明显，但积水太多，泥泞不堪。

背靠一块大石头休息的时候，不远处杜鹃树枝上有三只鸟在戏玩，毛色淡粉，看起来像是白眉朱雀。想了想，这几天的徒步很少见到鸟类。

又见到一株手参，正值初花，有着红粉豆粒大小的小花苞。报春，除了花色特征明显的几种，其他的要想分辨，真让人抓狂。这一种花葶短小的，是不是山丽报春？只是拍下记录，真不想多看一眼。

长舟马先蒿在灌丛，管花马先蒿在草地。彼此相望。有金露梅的地方，多有银露梅相伴。但有银露梅的地方，却不一定有金露梅。

雨不时下起，雨衣几乎不离身。大雨中自身难保，拍照极其艰难，除非是新见花。但有时，会把自己幻化为勤勉的洛克先生，心头一惊，才不敢懒惰。不厌其烦地从雨衣下衣兜里，窸窸窣窣半天，掏出卡片相机或手机，快速闪拍几张。无法强求拍摄效果了。

雨并不大，但雾太浓了。知道是上到了高海拔，这里已经是海拔 4600 多米。杂巴拉垭口区域，山体似乎是无限大整块岩石。本没有路，走的牛多了，便在石坡石缝中踩踏出一条不是路的路，大雾雨天，寒风凛冽，重包爬升，湿滑险恶，非常艰难。

突然见到满坡岩须，半坡尖被百合。欣喜消解了恐惧，但同时也分散了注意力。靠近一处裂石缝隙中满溢的长鞭红景天，右手拿着相机，突然

尖被百合 *Lilium lophophorum* ↑ ↓

| 管花马先蒿 *Pedicularis siphonantha* ↑ | 长舟马先蒿 *Pedicularis dolichocymba* ↑ |
| 短距手参 *Gymnadenia crassinervis* ↓ | 羊耳蒜 *Liparis campylostalix* ↓ |

皱叶毛建草 *Dracocephalum bullatum* ↑

浪穹紫堇 *Corydalis pachycentra* →

岩须 *Cassiope selaginoides* ↓

脚下一滑，失去平衡，左手拿着的手杖下意识插在石缝，背负大包的身体重重摔坐在石头上。手杖折断了，但我也因此得救了……跌坐在石头上，无法起身，片刻，有点麻木的脑子似乎清醒一些。就是平日，天气晴好，这样高的海拔也会让人犯昏。

除了小腿前端有一小块磕血，其他并无大碍。何其幸运，没有摔下石崖，那就好好活着。

小心翼翼地回归到队列，队友们爬行得也非常缓慢。雨雾中，根本不知道十米开外的路标，这石坡上好像到处都被马牛凌乱踩踏过。

我的雨衣是简版的多用途雨衣，无袖，为防止衣袖打湿后胳膊难受，索性将衣袖上撸，将胳膊裸露，也没有和其他队友一样戴上手套……这一切的准备要未雨绸缪，提前放在随手之处，如果疏忽，就该像我一样承受后果。

极其艰难地爬到了海拔 4734 米的杂巴拉垭口，手指已经僵硬麻木，没有一丝之前爬上垭口的喜悦。雨雾充满着垭口的每一处悬崖石缝，也似乎塞满了每个队友的身体，大家都没有一丝说话的冲动。队长用手杖指探着前方，大家默默紧随。

杂巴拉垭口，是夏诺多吉与央迈勇两座神山交肩旁侧之处，稍微平缓，但并无噩梦过后的缓释，泥泞水浆更加凶猛，居然像湿地沼泽一样。是雨太大了。

噩梦毕竟是噩梦，总会过去的。

徒步回来，我检索户外论坛上关于徒步洛克线的帖子，发现有共同的遭遇和一致的表述：杂巴拉垭口简直就是个滑铁卢，让多少户外好汉折戟沉沙，苦不堪言。这是个过后让人蹙眉回忆，脑海仍旧混沌一片的垭口。

大多数人是在暑期雨季行走洛克线，翻越垭口的。如果是在非雨季，比如冬天，杂巴拉垭口有可能是另外一番情景。但谁知道呢，冬季大雪封山，可能只有极个别的户外资深玩家才会选择此时行走……我，是绝对不想再走一次的……

刚刚翻过的杂巴拉垭口　↑

央迈勇南的流石坡　↓

根据有关文字图像推算，洛克先生是 1928 年 6 月 20 日前后翻越杂巴拉垭口的，这个时间段，同样是高原雨季。我此刻的所经所想，一定程度上再现着洛克先生当年的境遇和感受。这样的感同身受，是缅怀，也是致敬。

　　垭口下行已是午后一点多，我们依旧无法解包用餐。雨还在下，但雨雾随着海拔高度降低而减淡些许。除了队友彼此传递的一颗随身自带的巧克力，再无补给，也不想补给。食欲没有了，大包在肩上也逐渐失去了重量，俨然与身体合而为一了。

　　如果目光能够穿透雨雾，眼前应该是极目享受的开阔之地。我们已经来到了央迈勇神山的南坡区域，这里几乎是碎石崩裂的世界。流石滩、石沟，甚至还有远看像白雪、近看像工地机器粉碎过的白色碎石。

　　对草木来说，这也是险恶生境。但还是有囊距紫堇、浪穹紫堇、独一味、皱叶毛建草之类，贴地而生，乐观自足。

　　噩梦还未离去，依旧在四周潜伏。我们来到一处被雪水或大雨冲毁截断路线的流石坡，石沟豁口足有十多米宽，有五六米深。流石坡与地面形成的堆积角足有四五十度。这是个什么概念？就是说那些碎石看来是静止不动的，但只要有水流冲刷，或有人踩踏，那碎石就有大面积倾斜流动的可能。雪山有"雪崩"这个词，不知石山有没"沙崩""石崩""沙石流"这样的词？

　　这是户外洛克线的唯一线路，不可能近期无人走过，这石沟也并非几日形成，但费解的是，居然在石沟的另一侧，找不到行人攀爬过的蛛丝马迹。

　　仔细研判大半天，队长决定上切十几米，在一处低矮石沟坎尝试攀爬。队长身先示范，动作要领：前一脚切入，在下陷过程中得到支撑，另一脚迅速前移，交替，重复前一脚同样的动作，而这双脚的动作都是一气呵成的……我，第二个，踩着队长的脚洼，通过……我们曾在沼泽草甸"草上飞"过，现在则是"石上飞"，有点空中飞人扣篮动作的味道。

　　第三个，是队友仿佛，踩入第二脚时，由于第一脚没有迅速前移切换，所有重量都停顿在第二脚，一切按下暂停键。他本体重，不堪重负的第二

悬崖下有佛龛，依稀当年洛克见到的场景 ←

1928年6月，洛克一行地理考察时经过此佛龛并拍照，当晚在新果牛场扎营。探险队中的卫兵和喇嘛向导住进此岩洞。此岩洞也是朝圣者的栖身场所，还是强盗的隐身劫财之地 ↓

脚支点连同身体大包一同开始下滑。我急忙回头，想用手杖来牵引。被队长厉声喝止。我所在的位置，正是一面长长的沙石自然形成的流坡，事后队长解释：你一旦踏入那里，也就加重了流石的载重，就有了整个石坡塌陷滑动的可能，是极其危险的……

也就几秒钟功夫，队友拉姆的大个、长腿再次派上用场。他果断用手杖插入石坡，给予队友正在下滑的脚支撑……可以稍舒一口气了。大家七嘴八舌，迅速形成对策：让队友慢慢解包，将大包脱身移开，再借靠几根手杖的接力，让整个身体敷贴坡面，缓缓滑下……险情解除了……大家长舒好多口气……然后，选择另一沟坎低矮处，借力手杖，依次将队友和背包拉上石沟。迅速背包，撤离现场。

经此折腾，整个人松垮下来，肚子也空了。但有什么办法呢，还得快速赶路，这一段是央迈勇东坡悬崖地段，中间没有可以露营的草场。今天，就是再晚，再疲惫，都要到达 47 号营地或 48 号新果牛场。

又是一段长长的流石坡，路迹是拦腰直行，还好，这次并未出现石沟。再进灌丛小道。这灌丛地处悬崖与悬崖之间的平台。悬崖下灌丛半坡上，长了一大片红色叶片的白苞筋骨草，初见我还以为是白苞的亚种，其实都是同一种。当时未感觉悬崖的恐怖，周边一切都被雨雾包裹。第二天行走到对面山包，回看当时走过的路，才倒吸一口气。

直立悬崖下，是置放着金色佛像的佛龛，有些荒芜，看起来无人打理。断壁残垣，让我一下子想起了洛克拍过的一幅照片。那幅照片中半壁石墙后面，探出几个人头，这应该是洛克的摆拍。我看那些人，怎么都是土匪模样，不伦不类。这个险恶的高海拔山崖，经常有转山的藏民走过，穷苦无路出门为盗的匪人，面对那些转山的穷苦人，怎么下得了手？

洛克先生走过的路，我正在走，他曾经的艰辛，我正在经历。但他那一刻的所思所想，我是无法重温了。急于赶路，凭吊也不敢太久。

过了一处水量颇大的溪谷，到了户外驴友口中的 47 号营地。大雨再次到来。我们无任何理由在此停住扎营。解包，支帐，大雨会在几分钟之内

{ 川滇风毛菊 *Saussurea wardii* ↑

{ 球茎虎耳草 *Saxifraga sibirica* ↓

{ 松潘棱子芹 *Pleurospermum franchetianum* ↑

{ 短柱梅花草 *Parnassia brevistyla* ↓

{ 山丽报春 *Primula bella* ↑

{ 灰叶堇菜 *Viola delavayi* ↓

{ 白苞筋骨草 *Ajuga lupulina* ↓

| 雨雾一路伴随 ↑
| 石崖下 ←
| 在新果牛场牧屋 ↓

将所有的装备浇透，而身上的衣服鞋子早已淋湿。如果没有一间牛棚，没有火塘，今晚宿营就几乎没有可能。

只能继续往前走，万一，今晚一直遇不到牛棚呢？这个问题不敢想，如果真有这个万一，那只能一直走下去，直到遇到牛棚，或大雨停住。

暮色中，打开头灯，雨丝在灯光下，刚劲有力，斜斜画着白色粗线。

行走了约莫3里路，前方右手隐隐有灯光忽明忽暗……太让人欣喜了……快步奔向那个方向，我们扎西德勒地乱叫，听见对方也大声回应我们：别来！别来！心头一凉，莫非是拒绝收留？

此时，是牦牛归圈挤奶的最忙时刻。我们在原地等了十分钟，一个女人过来，第一句话是一人50元……这话太让人开心了，今晚，就是倾其所有，得到一间牛棚避雨御寒，又何妨！打开牛棚门，她让我们先把火弄大烤火，她们还要忙一阵……我们如进入天堂，塘火烧旺，兴奋幸福溢于言表。

半个小时后，她们——她和另一个她，结束了一天的劳作，进入牛棚。烧水打茶。这是我回忆中最美好的画面：烟熏火燎，喝着酥油茶，彼此开着玩笑，笑声朗朗。她们中的一个叫卓玛。

五月初上山，十月初下山，五个月时间，她们逐草而居。山下家人只是相隔一月送生活必需品上山一次。这就是她们周而复始的生活。

她们没有可以提供给我们的晚餐。玉米面拌酥油，或者方便面，就是她们的家常。换作一般人，可能早已毛病缠身。但此刻见到的她们，精力充沛，性情开朗。

有她们提供的厚实牛毛毡，我们打开各自的睡袋。两位女主人，靠里分隔火塘两侧，我们六个队友，两侧为三。睡觉。

07.
27.
2020 .

A ⊸ D6

蛇湖牛场 / 新果牛场

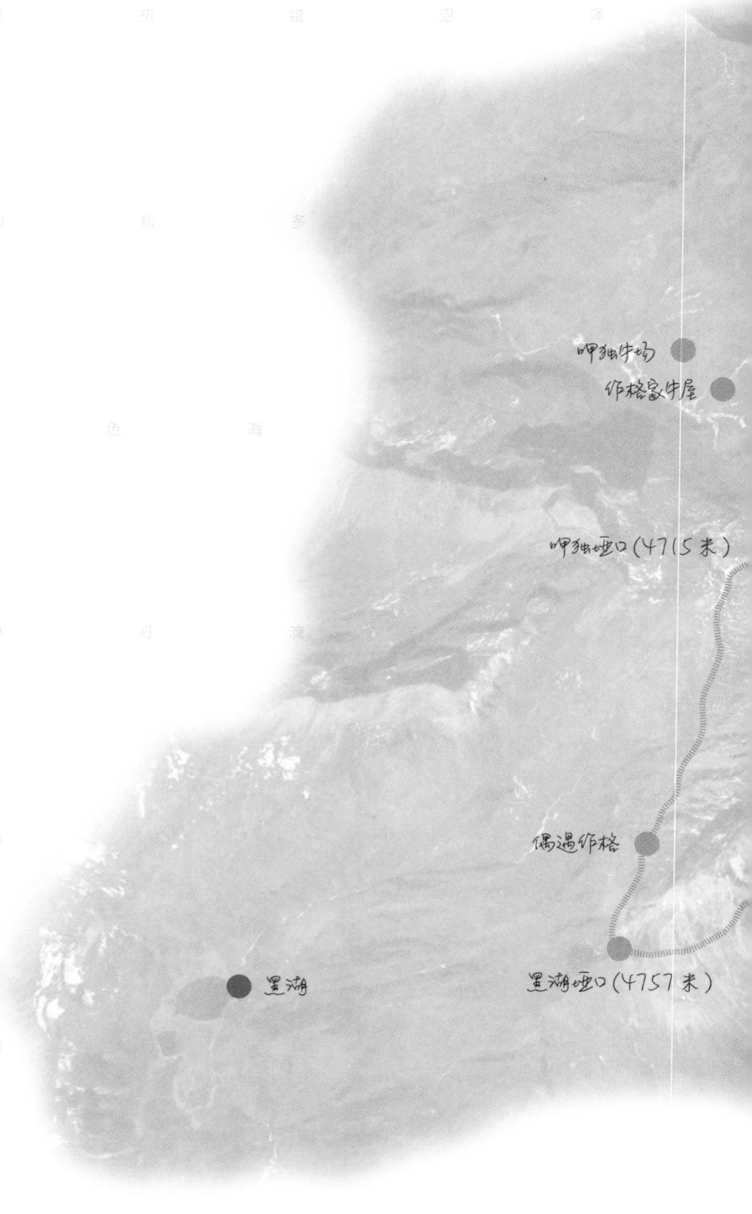

呷独牛场 ●
作格家牛屋 ●

呷独垭口(4715米)

偶遇作格 ●

黑湖 ● ● 黑湖垭口(4757米)

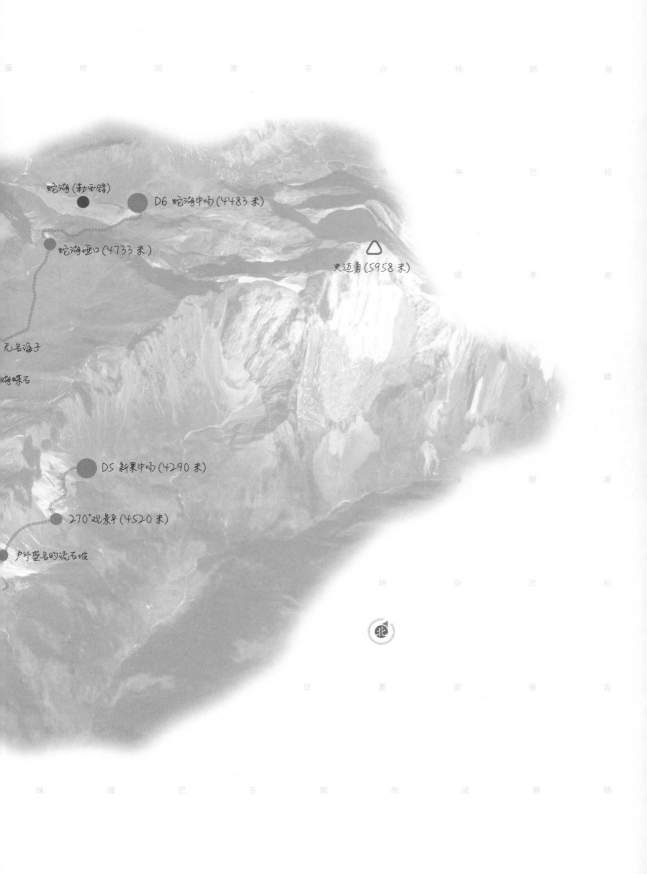

蛇湖(勒西错)

D6 蛇湖牛场(4483米)

△
央迈勇(5958米)

蛇湖垭口(4733米)

无名海子

嗨喋石

D5 新果牛场(4290米)

270°观景平(4520米)

户外盛名的流石坡

位于央迈勇神山东南悬崖下的新果牛场　↑

大雨后收留我们营宿的牛屋　↓

央迈勇神山　↓

　　晨曦从牛棚顶缝隙，像探针一样刺入，和昨天晨光的稠钝不一样，实在找不到合适的字眼。有队友开牛棚门，随即哇了一声——大家都心领神会。赶紧穿衣，出牛棚——这清明硬朗的晨光，早已从我们昨天翻越的杂巴拉垭口一带，射向我们此刻营宿的新果牛场背山，也就是央迈勇南面石崖……这是无雪版的日照金山……

　　如果这尘世真有天堂，天堂就是今天早晨新果牛场的模样！

　　太蓝了，这天空，蓝得让人心生羞愧，都不好意思多看几眼。我知道自己，不配这蓝！石崖顶面光线还未照到的地方，是泛着蓝白微光的终年

新果牛场 ↑   央迈勇南延山体及新果牛场 ↓

积雪，我不配这白！新果牛场，被连续两天大雨滋润的草叶，在逆光中有如海面的粼粼波光，这海面嫩黄清亮，我不配这清亮的绿……这些晨叶上的露珠，那么晶莹剔透，怎么就会落到我的脏鞋子上……

我拿着毛巾牙刷，走了看起来很近，走起来很远的路，我是特意走远，走得很慢。我来到草场边缘，一条从央迈勇山顶融雪流淌下来的溪水旁。此时此地，我才真正感知：已经身在"别处"。这"别处"既是修辞，也是眼见的真实。它有两个含义：一个是"别处"本身，一个是"别人"。"别处"不是另一个已知的地方，而是想象力从未涉达过的另一空间。"别人"也不是"另一个自己"，而是自己从未到达过的自己，那是完全陌生的另外一个人。

此刻，这"别人"看着"别处"，并不狂喜，反倒恍然静默。如无意闯入"禁区"，如冒失踏入"圣所"。想从前此人也是刚愎自大，此人也曾叉腰亵渎……此刻的此人真是那个"别人"吗？此处真是那个"别处"吗？昨天的那栉风沐雨呢？地狱和天堂真是一步之遥吗？

户外徒步是苦乐参半的旅行，过程苦涩，有时毫无快乐可言。但如果把这几天看作是一个整体呢？前天、昨天是不是低潮煎熬部分，今天是不是有了尽欢快意……或者将这几天置放在一年的时光里，是不是这本来阴暗的几天却成为一年中最为高亮的部分……

这是崩溃之后的犒劳吗？队友再次站在一起，以神山为背景，来了几张合影……如草木被冰霜摧残，又被阳光慢慢温热，恢复元气，重新出发……我意犹未尽地再次拍了队友起步的背影，那些纷繁的外套色彩，在这神赐的惬意中，显得无比好看。

一边爬升，一边不停地被身后的美景牵扯，时不时回头。此刻的眼睛好像就是一个长焦镜头，镜头中的景色时而凝滞，时而缓缓推移。

终于，我们站在了可以俯瞰270度景观的海拔4520米的山脊平台，经幡曼舞，适配上午十点半的阳光。从杂巴拉垭口一直到新果牛场，昨天所有路途与故事尽收眼底。那一路的流光溢彩真的是昨天的铜驼荆棘吗？天

洛克线盛名的流石坡　↑

回望新果牛场，此处也是洛克先生当年取景之地　↓

堂和地狱果真只需一个切换键？

我们前路，是一条长长的流石坡上拦腰横行的显明路迹，这是户外洛克线最著名的景点。网红、打卡这样的词，怎配得上神山圣地的尊容？我在意的不是这些，我在想：如此一个任何人都无法忽视的地方，怎么从来没有在洛克先生的镜头里出现过？

这些涂抹着上帝之光的美景，是我们连续两天的煎熬换来的？如先前所言——崩溃之后必得犒劳？错了！这里没有交易！这是白白赐予的！没有任何定律让你遭遇不堪后得到奖赏……那奖赏在天，并不在我们心中的测度和期盼……

这段远看貌似积雪上落了灰的石灰岩流石坡，我们足足走了四十分钟。视野中赞叹不已的美景，身在其中却是单调灰白。此刻我又想到洛克先生，

| 洛克先生 1928 年 6 月拍摄的央迈勇神山及新果牛场

| 黑湖 ↑

| 虚线框内为蝴蝶石，擦肩而过，也为第二次寻访埋下了伏笔 ↓ 　　　　　　　　　　　 | 央迈勇神山东南延伸山体的页岩地貌 ↓

想他当年浩浩荡荡的牛队，排成一列行进的壮阔场景。还是那个疑问，他的遗存里，为何找不到此处的照片？如果他真的在此走过，即使照片没有，但一定会有他，每遇美景，便抑制不住赞美的文字留下来……

我们行走的洛克线，在地图上看似一只苍鹰的鸟头，央迈勇是眼珠。我们从夏诺多吉与央迈勇的北坡，也就是从鸟的腹部经过胸喉，此刻走到了海拔 4757 米垭口——鸟喙的尖钩。自此折向，往北行进。

这里的地质构造明显与央迈勇不同，央迈勇北坡是冰川砾石，这里是片状页岩石——仿佛是天书层叠，历经沧桑岁月后的残卷。在这些残卷书缝里，高原特有植物槲叶雪兔子是它的书签。它嫩叶翠微的初苗上，已然生发云雾缥缈的小花头……

绕过一处嶙峋石崖，视野中的发白路迹，懒洋洋地匍匐在和缓石坡上。下午两点，石坡吐纳着阳光，偶有丝丝凉风，恰似一床金被上的镶边银线。

有遐思，就有应景。一个，两个，三个，看起来不像牧民的藏族姑娘，突兀出现，紧靠一起一排排坐着，俯瞰着视线下方不远处的一个湖，那湖叫黑湖。一只嗲声嗲气汪汪汪叫着的小狗，不时想从一个姑娘的手中挣脱……这有点儿不真实吧！这条洛克线上，基本也就两类人：牧民和徒步者……那么，眼前的这三位看似雅兴十足，如城市街边闲适自在的姑娘到底是什么情况？

路过她们时，想搭讪相问又觉得唐突而作罢。看了她们几眼，看的是背影，不知她们有没有转头回看这几个背负重包的徒步客。不一会儿，再次碰到那只小狗，它已像对待熟人一般，摇尾撒娇了……

我间或走出路迹，在风化斑驳的页岩石缝隙里拍花。槲叶雪兔子，一朵连着一朵。黄花草垛，一片连着另一片。平缓石坡上，没有灌丛的阻拦，遍地都是惬意的拍花之路。

几天的徒步，唯有此处，可以听任脚步，让时间松弛，让自己离开自己，随处漫游……干什么都行，想什么都行……刚才偶遇的那三位姑娘，跟上来了……不是跟随我们，是她们也走在这条通往呷独牛场的山道上……

{ 大铜钱叶蓼 *Polygonum forrestii* ↑

{ 刻叶紫堇 *Corydalis incisa* →

{ 锈毛金腰 *Chrysosplenium davidianum* ↓

洛克线。植物记。

2020° 07° 27

黑湖 + 呷独牛场 + 蝴蝶石 + 蛇湖

我放慢脚步，是我要等她们的……在荒野中，我喜欢和偶遇的当地人聊聊天。

戴鸭舌帽的姑娘，也就是手里用绳子牵着小狗的姑娘。此刻温顺可人的小狗，也就是初见时汪汪乱叫的小狗。我问这位姑娘，在这里干吗？姑娘说，妈妈放牧，现在是暑假，她跟着来耍。她的妈妈，是旁边那个大姑娘，一边微笑，一边低头走路。她们的村子，在呷独牛场下的低处山谷。她指了指，那个在下午逆光下无法看清的地方。她是骑着爸爸的马上来的，等会儿爸爸会接她下山回山下的家。

我心里已经有另一个计划，让姑娘留下手机号码，在联系人那一栏，我问姑娘怎么称呼，她说叫作格。我问怎么写，她拿我的手机直接输入。作格是家里的老二，全名四郎作格，目前正在绵阳一所高职院校畜牧兽医专业学习。后来听她说，等实习完了想继续读大学本科……

作格算是将目光转向外面世界的藏族姑娘，我不知该说好还是不好！一说到外面的世界，我就对她有点儿担心，如担心自己的孩子。我们在另一个海拔 4700 米的山脊垭口分开，她们往下走，我们继续向北横切……

整个下午都在页岩石地带行走。队长在前，镜头对准一块石头，我拍队长。回去整理图片，看着队长和那块石头，才恍然大悟——这块像书本摊开或蝴蝶展翅一样的大石头，不就是洛克线最著名的蝴蝶石吗？它的著名，是洛克先生所赐。这块石头，洛克先生既有笔墨文字，又有图片记录……他和他的考察团队，曾在这块石头前合影留念……而我，就这么浑浑噩噩地错过，懊悔不已……但我也明白，这疏忽有着要我再来一次的意思……

蝴蝶石不远处的平缓湿地，它的前世像是小海子，有两匹正在低头吃草的马，有六个人的徒步小队伍。这些场景，和 1928 年洛克先生的所见，到底有什么不同？海子，有雨量主宰着它的潮起潮落。人呢？终其一生，是各自的故事主宰着我们吗？

再往上爬，还有隐藏在灌木丛里的另一个小海子。水面不大，但将对面的大山小山全部收纳在湖水中。人拥有一个各自的心湖，那里是往事的

〔 岩白菜 *Bergenia purpurascens* ↑ 〕 〔 西藏多郎菊 *Doronicum calotum* ╱ 〕 〔 羽裂雪兔子 *Saussurea leucoma*（幼苗）↓ 〕

记录。在水边再次见到尖被百合，还有毛蕊马先蒿、圆穗蓼，此刻，我们不是初见，而是昨日重现……

我一直走在前面，以为没有多远就可以到达今晚的湖边营地。但我一直爬啊爬，始终看不到那个湖。一个人走着，走得地老天荒，随时出神，另一个自己像这一个自己的纸风筝，他将视角抬升，将肉身的我幻化在人生的种种境况中，时而怅然，时而欣喜……"时间是载我飞逝的河，是吞我入腹的虎，是将我燃尽的火"——我是我的博尔赫斯，此刻我在风筝上说了这些话……

到了海拔 4730 米垭口，完全没有心理准备，那湖就在那里了。真有点不真实，那色彩。垭口居高临下，可以看到蛇湖的全貌。我的左手，傍晚前下午五点半的斜阳，穿刺云层，从湖泊出水口方向射入。我的右手，湖头方向，央迈勇神山是它的水源。央迈勇和蛇湖之间，是灰白色冰川遗弃砾……从今早新果牛场出发，用了一天时间，我们环央迈勇山而行，来到山的另一面。

坐在垭口山石上，一边等着队友，一边安静地欣赏这童话世界才有的宝石蓝。它是阳光所造，此刻此角度，湖面恰好将最美的色彩反射，这是碰巧的艺术，是时间和阳光联手创作。

队友来了，惊叹拍照，但不敢停留太久。虽然，今晚的湖尾营地，看起来近在咫尺。崩裂碎石，从垭口下行一直到湖边，路迹并不明显。

谁也没想到，这一段砾石路让我们足足走了一个小时。有悬崖，有漫水坡，还有不怀好意的灌丛。一只脚踩在一块棱角尖锐的石头上，另一只脚要随即寻找落脚之点，身心一点儿不敢分离，这样的行走让人极为抓狂。重包，碎石路，下行，于我真是梦魇。但我还是拍下了几种分散又集群的蝇子草。

艰难接近的湖边并不好走，可能是因为前两天的大雨，到处都是水洼。

此刻，央迈勇神山终于从一天的云雾遮掩中挣脱出来，让我们见到了真容。夕阳最后将余晖轻涂在山头，湖水，雪山，成就了人类的信仰承载。

{ 直距耧斗菜 *Aquilegia rockii*　↑ ↗

{ 亚革质柳叶菜 *Epilobium subcoriaceum*　→

{ 丽江马先蒿 *Pedicularis likiangensis*　↓

到达湖尾的计划营地，大家却傻了眼。央迈勇神山的雪水频繁冲刷山体，山脚下湖床被携带下来的小沙石大面积覆盖着。

但湖区北坡有草场，看起来是不错的营地，草场上方平台有几处牛棚。我们被迫再次前行，今天走的路可能是这几天最多的。特别是刚才下到湖区的陡立乱石路，没有一个队友不是崩溃的……

一处离湖区不远的草坡，并不是理想营地，但所有人再也不想前进一步了。大家纷纷解包，支帐扎营。队友功哥去湖头溪流中取水，大家开始做饭……

来了两个人，一前一后。大家一边吃饭，一边打了招呼，寒暄几句。两人说是上方蛇湖牛场的人，是兄弟俩。不像呢，倒像是两个说相声的。渐渐地，相声台词有了异味。那哥哥说，这个草场是我们的草场，弟弟点头，说，是的，是我们的……我和队友们似乎听出了弦外之音……吃饭张着的嘴，拿筷子的手，忽然停住……

一人 50 元，哥哥说。是草地保护费，弟弟说。离你们真正的草场还那么远，这里明明是湖区湖畔嘛。看相声的几个群情激昂。

突然有点儿苦涩。如果这兄弟俩一走近我们，就开门见山地说：这里要收费！我心里还好受一点儿……虽然，在这高原山野，收费两个字是如此荒唐……这又不是在真正的草场，又不是住你家牛棚，如果是住牛棚，这也用不着你们开口，我们会主动并乐意酬谢……关键是此地此刻，这种润物细无声、温水煮青蛙式的高级手段，让我们难受。

队友和他们据理力争，在说到我们可以付费，但也要拍照留下证据时，那哥哥将翻了的脸再翻一次，一挥手：不要了，不要了！你们明天别从我的牛场过了……弟弟也不知什么时候溜了……

这场剧情的上演，让暮色不知什么时候湮没了央迈勇神山，或者是央神悲愤难当，独自掩面而去……这哥哥最后的赌气狠话，让我意识到问题的严重性……脚下的圣地已经被糟蹋为一个扭曲丑恶之地，那么，今晚的平安、明天的顺利出行成了必须要面对的事情。我心里有一个声音在说：

| 蛇湖 ↑

| 在蛇湖视角看到的央迈勇 ↓

原谅他，不要含怒而眠……

我对自己说，今晚无论如何要解决这件事，不要成为我们今晚的负担，不要成为明天的隐患……万一，今晚熟睡后有牦牛横冲乱闯；万一，有藏獒狐假虎威；万一，明天有恶人拦路……

我挡住那哥哥，给他钱让他拿走，我们也不要证据了……低三下四地往他手里硬塞钱——还有比这更荒唐的事吗？推挡了一阵，他"极不情愿"地拿着钱，消失在了夜色中……

队友已回帐篷，安静无声。我独自用头灯照亮，并吃下泡烂变冷的方便面。疲惫加无力，让我在夜色中静坐良久……从昨天的雨中地狱，到今天上午的阳光天堂，再到此刻重回的世俗人间……这种穿越和错乱让人很不好受……

07.
28.
2020

A○ D7

冲古寺 / 蛇湖牛场

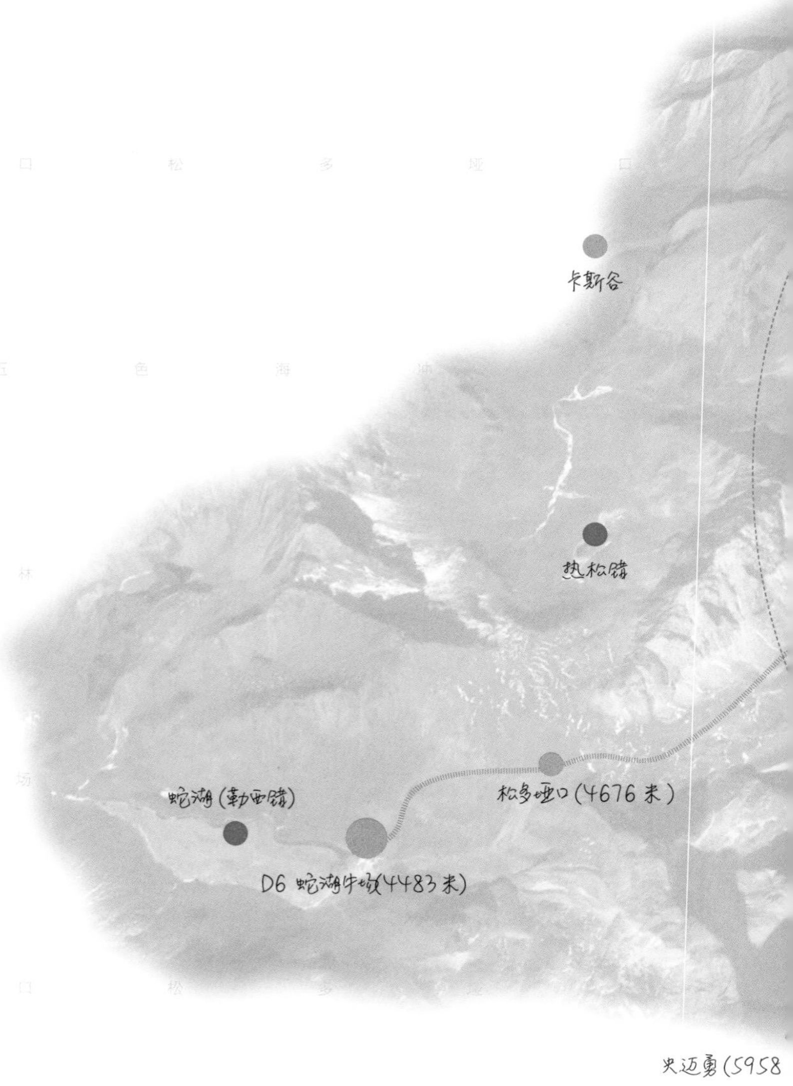

卡斯谷

热松错

蛇湖(勒西错)

松多垭口(4676米)

D6 蛇湖牛场(4483米)

央迈勇(5958

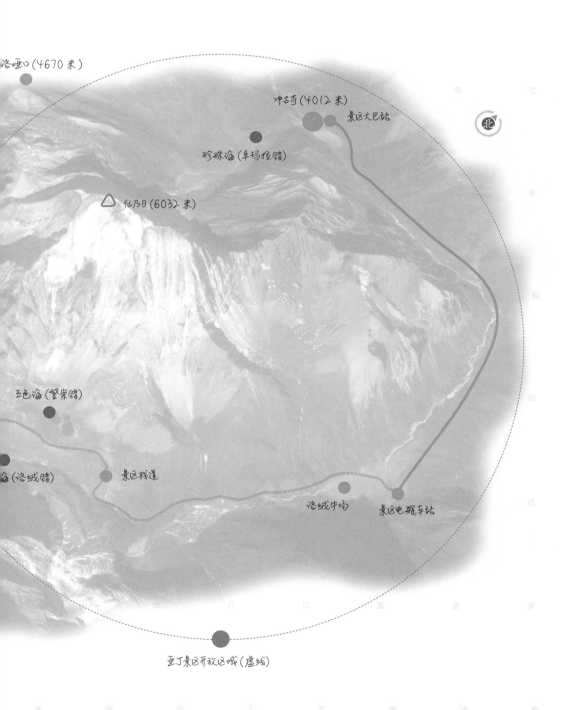

洛哑口 (4670 米)

冲古寺 (4012 米)

景区大巴站

珍珠海 (卓玛拉错)

仙乃日 (6032 米)

玉色海 (蟹棠错)

海 (洛绒错)

景区栈道

洛绒牛场

景区电瓶车站

亚丁景区开放区域 (虚线)

北

在蛇湖湖畔石头上的赤麻鸭 ↑

蛇湖与蛇湖牛场 ↓

早起的第一眼是看往央迈勇神山的。山头没有昨日北坡看到的缭绕云雾，这也许预示着，今天并不是一个阳光朗照的好天气。此刻天空灰薄，央迈勇神山平淡无奇。昨日的崩溃，傍晚的境遇，此刻余波依旧，难抚平……

收帐起落间，看到湖畔石头上的赤麻鸭，孤独一只？不会！它是我最为熟悉的鸟类之一。每到冬天，一些赤麻鸭迁徙到渭河过冬。我只要去河边散步，一定会遇到它——它们，一前一后，相距三四米。虽然不像绿头鸭一样耳鬓厮磨，但也如影相随，不离不弃；恭而不近，相呴相濡。那另一只呢？我不用特意找寻，一定是在这块石头不远处，在水边享用早餐或以水为镜，梳妆打扮呢。

昨晚队长在帐篷里询问，今天的路线有两种选择，一条是从仙乃日神山北行，绕神山至冲古寺，路途远，要走一天，不入景区；另一条是从央迈勇、仙乃日两神山之间穿过，依山谷下行，也就是行走景区，中途可以乘坐电瓶车到冲古寺，但大概率会补缴景区门票……大家选择了后者。

起步爬行的路线在牛场边缘。昨晚那兄弟俩，正在各自的牛棚前忙着挤奶。

黑夜里的不堪，经阳光照耀，挥散出一丝岁月静好的味道……

这几天的路途，起步时送别我们的次仁翁地，迷路后遇见的达瓦，大雨后收留我们的卓玛，他们给予我们的温暖和支撑已足够多！

阳光照好人，也照坏人……我忽然莞尔，这两个归位正常生活的牧人，远看起来并不可恶，昨晚虽然有苟且，但他们本就是两个勤劳的牧牛人……此刻，我原谅了他们……

两神山西侧交会的松多垭口，海拔 4667 米。这里的高山草甸植被，与同海拔其他区域大同小异。隆起的小型草岛分散而又密接，各自内建成看似孤立却又共存共生的微环境。多年生草本宿根，经年往复慢慢形成外实内虚的海绵温室，确保植物不被冬天严寒冻死。这样的小群落，此刻就有矮小普氏马先蒿、垫状点地梅和其他几种，它们照例是叶片平贴地表，花茎短小，这是它们的求生智慧，地表是空气的缓流层，有大气臭氧一样的

在松多垭口看牛奶海，远方雾中为夏诺多吉 ↑

仙乃日在云雾中偶尔露脸 ↓

温室效应，保温而减缓水汽蒸发……

三神山 + 景区 + 洛绒牛场

此处平台的开阔平坦，是洛克线垭口中少见的。过了此垭口，是坡度和缓的下行。北峰仙乃日在左，南峰央迈勇在右，它们的脚下各自有五色海、牛奶海，而景区出口南侧的夏诺多吉，是蜿蜒的稻城河溪流源头。

这是此行七天中的最后一天，没有两岸猿声，没有轻舟，没有轻松惬意，只有重包，但万重山是真切过了的。一丝被迫回归人间的踟蹰袭上心头。想到李白的诗句：且放白鹿青崖间，须行即骑访名山……

还真有鹿，不是白鹿。棕黄色的。慢慢，慢慢靠近。所有队员，都被突然见到的这一幕，几十只的一群鹿夺了心魄，两眼凝滞，步履徐徐，像是特意训练过的，遭遇突发情况时神安气定……这个时候，任何的快步或肢体变化，比如扭头或弯腰，都会惊吓到这些被诗仙李白安放在诗苑里的

偶遇一群岩羊 ↑ ↓

队友在五色海边休息 ↓

精灵……但我们，真的都是自发地身心同频，这是多年户外培育习得的默契。

靠近，再靠近。我们的无恶意，显然被这一群——哦，不是鹿，是岩羊——所领受，它们不躲避，吃草的仍然吃草，趴卧的依旧淡定。群里有一只跟着妈妈的小羊羔，让我短暂失了神……你好，我的小羊！我十岁出头时，也曾有过十四只绵羊，每年冬春还会增加几只小羊羔，我最开心的就是赶着它们到山野。节假日，傍晚放牧回圈，看到某只小羊羔走不动时，我总会双手搂抱它的四只小腿，捧起它。小羊咩咩叫着，并不挣脱，它的小头搭在我的肩膀上，它的妈妈，紧跟在我的身后……

有没有动物学家，观测记录过这样一个数值：动物与人的可接受最短距离？人和燕子麻雀可以靠得很近，人和狼呢？和狮虎呢？和此刻的岩羊呢？

再靠近，动作还是迟缓，但它们明显有了警惕，低头吃一口草，抬头观望一下四周。它们和徒步的我们，有着几乎同频的应急反应，彼此察言观色，一有险情，迅疾如闪电。但是此刻，并不是这样，我们的节制，徐徐靠近，给了它们足够的善意，它们也心领神会，不急不慌，只是优雅地于吃草抬头之间多走几步，继续保持一定的"安全距离"……信任和不信任，是个艰难的选择，或者可以说，我们就像一枚在岸边摔来的片石，带着自身的眩晕，随后软绵地想靠近它们。而它们也像河水中的涟漪，带着天生的不释怀，慢慢消失并走远……

沿仙乃日山脚下行，是一条从冰川砾石流坡踩踏出的路线，这多半是景区游客所为。和央迈勇北坡的险峻不一样，这里如同一个大型矿石场，或采石场。我们行走在牛奶海的北坡，直行向下能够近距离接触五色海……牛奶海一听就知道不是本名，也许另一个名字洛绒错才深得我心，这是个洛克先生碎碎念的名字，他的文字照片，无数次出现过洛绒两个字。

清雅翠蓝的牛奶海。

如果它头顶的央迈勇神山不会梳妆，那将它意比成一块镜子，就显得无聊多事；

牛奶海

川木香 *Dolomiaea souliei* ↑

长喙唐松草 *Thalictrum macrorhynchum* →

如果菩萨无悲无喜，将它比喻为泪泉，就显得唐突无礼。

我只看到它的涟漪。我距它足有 500 米远，但我能够看清它。

那一丝一丝的微波，只配远距离看到，只让我看到……

我不仅是在看，而且是在——深情地看，在凝视……

我不仅是在看，还在聆听。

那谷风撩拨水面的沙沙声，近听则粗砾喧嚣，太远则孱弱无力……

此处，刚刚好；此时，刚刚好！

我们是在归途，在不舍地聆听啊……

隔世地观看……心缱绻啊……

五色海本名丹崇错，是属于我的——此行最后的一次凝视……

但我并没有看到，光的折射下产生的五种颜色。

湖泊西北，仙乃日雪山冰舌下垂在山体皱褶里，我想如果这舌头再往下，再往下，就可以舔到湖水了。事实上，这根本不可能……

队友们在湖畔休息用餐，我一个人跑到更为接近冰舌的小岬角。那冰舌还在无限远处。我忽然兴起，伸长自己的舌头，试着舔一口湖里的冰雪之水……可是我舌头太短了……

七天来，手机终于有了信号，各自给亲友报平安。因为迷路而推迟一天出山的消息，多亏了达瓦兄弟，不负所托，及时传出。

我怅然若失。

人类发明的手机这个现代工具，已经成功驯化了人类。没有人觉得，这是个问题。造物者如果被所造之物所挟持，是否是噩梦？

有离群索居，但是我没有。

我没有离群的能力，也没有索居的修炼。

解绑的绳索再次套上。

是我自己套上，是我自己不悲不喜地套上。

不套上我又能去哪里？

解脱了我又能去哪里？

俯垂马先蒿 *Pedicularis cernua* ↑

球萼蝇子草 *Silene chodatii* ←

高原点地梅 *Androsace zambalensis* ↓

五色海湖畔往景区出口，是台阶栈道，七天来，第一次踏入尘世所造的景观……逆向蜂拥而来的游客，他们很难体会到我此刻的——恍惚与不适。

像跛行的鸭子。并非双脚如铅，并非背上的重包所减无几，并非如此安全而陡峭的木制栈道——拒绝接纳双杖咚咚的撞击……

有人不停地问：还有多远？我问：你要去哪里？

别人去的那里吧！

五色海有一些别人，牛奶海有更多的别人。

有人问：五色海远不远？牛奶海远不远？

没人问：丹崇错远不远？洛绒错远不远？

栈道拐角处，我再回头。仙乃日终于露了脸，它让我看了。但它并不看我，它看对面的央迈勇，也可能看左前方的夏诺多吉……它们在对话，那是神仙的事……

对我而言，只要它能偶尔露一下脸，容我看到，我就知足了。

这七天，它们容我踏入它们的世界，我感念……

它们曾接纳过洛克先生，也曾拒绝过他——不以洛克先生与我的任何身份标签为理由。为何拒绝，我永远不去探究，这是禁忌……为何接纳，我也不想追问……

我已经在它脚下走过。

我呼吸过那非人间的紫蓝青烟。

我看到过安放在圣坛的野花。

我仰望过白光与火柱……

下到洛绒牛场。更准确地说是洛绒草场，因为没有了牛。景区，此刻牛又去了哪里？

牛在蛇湖湖畔。牛在呷独牛场。牛在新果牛场。牛在万花池牛场。牛在草塘牛场。牛在达瓦牛场。牛在丹滴卡牛场。

但牛就是不在洛绒牛场……

五色海　↑　　　　　　　　　　　　　　　　　　　　在洛绒牛场远观央迈勇　↓

这不是三神山的意思。这是亚丁景区的意思。这是人的意思。

可是，这一只在我们和游客逆向而行的步道上出现的小松鼠，你的意思是什么？

这些被人牵着、付了费被人骑着的马，你的意思又是什么？你的家园在哪里？

我又想起了那些，一个咬死另一个、以为自己是王者的藏獒，最后饿死或者病死，或者孤独死的藏獒……

人，到底是不是你们的恶魔！

马，牛，藏獒。

小松鼠，岩羊。

我们，一行六人，出景区时，被口头警告并罚补门票。

我们，一行六人，在洛克先生踏入时的日瓦村，也就是改名后的香格里拉镇，分开。我和队长，又奔向了下一站。

06.
06.
2021 。

B ○─ D1

呷独牛场 / 百合村

东义河谷

百合村

咋格家 (2565米)

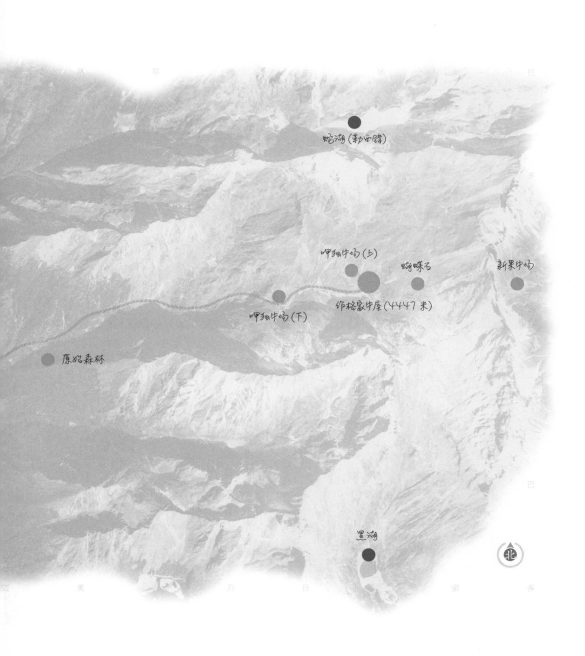

蛇湖(勒西错)

呷独牛场(上)   蝴蝶石   新果牛场

呷独牛场(下)   作格家牛屋(4447米)

原始森林

黑湖

北

| 作格家对岸的南山 ↑

| 作格家房子及院子 ↗ ↓

有一些不知名的鸟叫着。

鸟每叫一声，天色就清亮一分。此刻我站在作格家楼梯之上的厅外门廊，思绪出游铺满整个山谷——作格家的房子建在两水交汇的石体平台上。山谷逼窄陡峭，一年四季，每一分秒，耳边都是溪谷流水冲刷河道石头的轰鸣。

可能因为崖壁回声，也可能因为要爬越雨后两条溪水合奏的声响，此刻的鸟鸣特别明亮，也只有这样，它们的声音才可能传递给同类。我想象是很多很多的鸟，齐声歌唱，把黑夜撕扯成无数碎布条，最终唤来了亮光和日出。

昨晚睡前我们约定：今晨五点半起床，六点出发。换作平日，早起？我会委婉商议。但此时不能。我猜测并理解作格爸爸妈妈的计划，上午上山到达牛场，下午继续采挖虫草。一年一季的虫草和松茸，是他们最重要的经济来源。正在绵阳读高职的四郎作格和在广元读幼师专科的姐姐甲格卓玛，两姐妹的学费一年就要四五万元。

昨天，按照约定，作格爸爸从呷独牛场下山，穿过亚丁景区，特意接我。我从稻城机场出来，坐上作格为我联系的熟人的出租车，经稻城县城，在香格里拉镇桥头，和作格爸爸会了面。

一双粗糙的大手，弓背驼腰——挖虫草的职业病？我看着比我小整整十岁的作格爸爸，心中定格的兄长形象长久挥之不去。

去往作格家百合村的路上，作格爸爸叫停出租车，去到路旁一户人家。

我拿出相机干活。拍下了路边乳白花色的峨眉蔷薇，粉红的岷谷木蓝，绿叶蔓生的中华山蓼。山蓼是我初见，银白线镶嵌着波浪形叶边，在静态中蘧然有着水波潋滟的娇羞。

十多分钟后，一大家人簇拥着出来送客。很多人向我微笑和点头，一边似乎问询着作格爸爸什么。我问作格爸爸他们的身份，是爸爸妈妈、哥哥嫂子什么的。我迎向那位身材魁梧手拿念珠的老人，握手问好。老人用我能够听懂的汉语，让我回程到家里做客。

那一瞬间我被这团团围住的火热亲情所感动。作格奶奶向儿子叮嘱着

｜ 峨眉蔷薇 *Rosa omeiensis* ↑

｜ 中华山蓼 *Oxyria sinensis* ↓

｜ 多雄蕊商陆 *Phytolacca polyandra* ↑

｜ 岷谷木蓝 *Indigofera lenticellata* ↓

什么，作格爸爸的嫂子往他手里塞了几瓶饮料。

作格爸爸名字叫龙里，家中排序老二。按照藏俗，老大在家留守，其余孩子都要"嫁"去别家，无论男女。如果老大为儿，就娶别家老二及之后的女儿为妻，赡养父母，立家守业；如果老大为女，则招他家老二及之后的儿子上门。作格妈妈是家中老大，招了家中老二的作格爸爸上门。

司机是个看起来鬼精伶俐的藏族小伙，开车很猛，坐后排的作格爸爸晕车，几次叫停。翻越云蒸霞蔚的俄初山，下到水流激荡的东义河谷，过卡斯。五点半左右，我们到达作格家。

藏獒吼叫，作格奶奶在木梯之上的廊厅候迎。下车间，大雨也来欢迎。我的到来，看起来是作格家一件不小的事。

去年和队友徒步洛克线，在黑湖附近偶遇作格和妈妈，留下联系方式。今年春节前后，整理洛克在华地理考察路线，我无数次在地图上构想来年这次在洛克线的拍摄行走计划。最后舍弃舒适简单跟随商业队的轻装转山，选择和作格联系，来到她家，和她上山牧牛挖虫草的父母共同生活几天。

作格妈妈名字叫陈雪莲，今天也下了山，但和作格爸爸从景区出来的线路方向相反，一东一西。她走的是日常下山回家的牛道，也就是明天我们一起上山的线路。作格妈妈是不是特意为我下山、做饭？我不敢问，怕一旦坐实，心中徒添负疚。

一壶酥油茶，是藏族标准的待客之道。我随俗，接受并理解酥油茶在高寒之地的意义。

作格奶奶和蔼慈祥。平日里作格爸爸妈妈在山上牧牛，家里的鸡鸭猪狗牛马……猴，每张嘴，都是靠奶奶饲养。

——猴？没错。作格奶奶在院子里神秘地向我招手，我走近，她指给我看厅檐下一个近两米直径的圆形铁丝网。里面是一只小猕猴，几个月大小，它透过铁丝网正在怯生生地望着我。地上有撒落的玉米粒。

我一时愣住，不知所措。我附和着作格奶奶，表情僵硬，尴尬。我理解作格奶奶是想给我一个惊喜。

〉 独花报春 *Omphalogramma vinciflorum* ↑ ↓　　　　　　　〉 尼泊尔黄花木 *Piptanthus nepalensis*（花、叶、果）↘ ↑

我没有当面问询小猕猴的来历，我情愿认为这是一次好心的救助。但愿不久之后有机会，我和作格或家人能够沟通，我希望这只小猕猴能够回到妈妈身边，能够回到它的树上家园。

忘不了小猕猴专注望我的眼神。不是求助，是绝望茫然。它和我同宗近源。它是我们襁褓中嗷嗷待哺的孩子。

我真的不知所措。此时此地，这也许是司空见惯的小事一桩。

雨时大时小。作格家对面的南山，隔逼仄的东义河谷，看似触手可及。今年少雨干旱气候下的春草，还没有掩盖住去年植被的枯黄。乳浆云雾穿行在黄绿中，有时混浊一体，有时丝状分离。

我们继续喝酥油茶。作格爸爸忽然说，我们杀一只鸡带上山。我略迟缓，说好！虽然带上山后是大家一起吃，但这待客之道已不能虚指，显然是以我之名。

作格爸爸妈妈下楼，他们并不介意躲避还在下着的阵雨。远远望见他们在院外的牛棚旁边，正在忙乎着杀鸡。

山里的停电来电模式，也直接关联切换着日常生活的传统与现代。说好的晚上八点来电，可是没有。

吃罢晚饭，我问作格爸爸有什么办法和外界联系，我想打个电话，给家人报个平安。他说卡斯村那里有电信的通信信号。

我们穿上雨衣出门，作格爸爸用摩托车载我，风雨交加，我躲在他身后的骑位上。黑暗中只听见呼呼风声和雨点击打雨衣的啪啪声。

他突然刹车，惊叫一声。原来，前面公路上有不少落石，虽然不大，但让人对明天的上山由此平添了忧患。

我们绕行再走，看到了东义河谷对面的灯光。那是太阳能照明灯，作格爸爸说。我们停下，查看手机信号，没有。关机，再开机，将手机伸向夜空，还是没有。只好继续往前。

临近卡斯谷，我们再停。重复着之前的动作，还是没有。只好作罢回头。

近家，藏獒又是一阵浑吼。藏民饲养藏獒，可能就是为了听听它的声音。

| 作格家火塘，邻居来访 ↑

| 杀鸡 ↑

| 作格奶奶 ↓

这不再是人身安全方面的，更多的是心理上的依偎。

接下来的几天都是在高原无信号区，上山之前的平安告知成了必需。上山之后的一切，多少有点未卜。我问作格奶奶，明天来电了有信号了可不可以帮我打一个电话。她说可以。作格奶奶有着一口完全能够交流的藏味汉话，这出乎我的意料。

作格奶奶年轻的时候和作格妈妈一样，一年大多时间都在山上牧牛，山上的任何细节和她说起都是家常。一代传一代，作格奶奶老了，留守家中，她的吆喝声牧牛鞭传递给了作格妈妈……将来会不会是作格姐姐？都无所谓，作格姐姐到外面生活也行！作格奶奶呵呵笑答。乐观，听天由命，不忧虑未来，是藏族人的天性……

不早了，我收拾自己的大包，拿出自家带出的礼茶，没有格外的虚词，好的好的，作格奶奶应和着。在这里，礼茶和上山带鸡都可以用"好的好的"轻松施受。

作格爸爸和妈妈，不停在房间和客厅来回穿梭。有很多山上的日用物资，需要明天骡马驮带上山。今晚必须收拾完毕，明早天不亮启程。

晚上不知啥时来电了，房间灯光突然照射，惊醒。我对光线天生敏感。对我来说，光和睡眠不可兼得。懵懂中有理性，关灯，我不能没有睡眠，明天——不，今天，凌晨上山，从海拔 2500 米直升到海拔 4400 米，我必须要有充足的睡眠来保证体力。朦胧中山谷有河水压抑的呜咽声。有雨。

闹钟响了，起床。脚下被窝里有一只什么虫的干尸。

柴火早已在作格家的客厅哔剥响。几个手机都架在玻璃窗木格上，来电了，但手机还是没有信号。不抱希望了，我在一个药盒上留下电话号码，给了作格奶奶。

早餐是稀饭鸡蛋。用毕，谢过作格奶奶。我背上装着相机和干粮的小包。昨天和作格妈妈一起下山的三匹马（上山途中作格爸爸说一匹是骡子），立定在院门外，它们知道此刻该干什么。山上需要的日常物资和我的大包，就劳驾它们驮上山了。

驴蹄草 *Caltha palustris* ↑

两头毛 *Incarvillea arguta* →

黄精 *Polygonatum sibiricum* ↘

鸡肉参 *Incarvillea mairei* ↓

{ 鳞叶龙胆 *Gentiana squarrosa* ↑

{ 象南星 *Arisaema elephas* ↓

{ 大花象牙参 *Roscoea humeana* ↑

{ 裂叶点地梅 *Androsace dissecta* ↓

桃儿七 *Sinopodophyllum hexandrum* （果、叶、花） ↖ ↑ ↓

我也在三匹马旁立定，等待作格爸爸妈妈往马鞍上绑放东西。这片刻的安静，让我感受到人与马之间的那种自然默契。这种默契，比人与人之间更多点儿忠诚。

正在收拾中，有一辆破旧皮卡经过作格家门口，司机和作格妈妈打招呼，聊了几句什么。作格妈妈对我说，你可以提前走，坐这辆车，他们要往山谷方向开上两公里。

也算一点儿欣喜吧，两公里上山的路程，我要足足爬上一个小时。而第一天上山，状态肯定不好，我需要这样的一点儿代步。

他们是同村的一对年轻夫妻，也是上山去挖虫草的。皮卡车行驶在崎岖狭窄的碎石路上，一脚油门，一把方向盘，再一脚，再一把。我眼花缭乱。这样的路，换我这个20年的老司机，是绝对不敢开出一步的。雨后山谷湿滑，简易牛道濒临河道悬崖。

我被皮卡车抛在了一个碎石场。这里已经停放了好几辆摩托车和农用三轮车。突然，马达熄火，背影转眼离去，我可能——肯定——绝对——跟不上这两个风风火火的虫草人。道别时小伙反复叮咛：不要一个人上山，等待作格爸爸妈妈。

一大片的滇牡丹，花季已过，这可能是最早的春花了。我来得不算迟，但也错过了。我用几分钟时间想象了一下满山谷金黄牡丹盛开的奢华场景，又想象了一下晨光穿过山谷密林，温柔的丘比特箭乱撞牡丹心房的画面……这是乱想呢！

太安静了……

当人迹消隐，很多地方，会当即浮现出一种荒野特质。不是死寂，是轻易难于察觉的悸动。暗哑的，抑制的，甚至是——去除了外壳或伪装的内在，和你初次相逢却也赤裸相见。

突然，我身上起了鸡皮疙瘩。这是身体里潜伏的某种意识，或者说基因记忆，在理性层皮之下发出了预警。我回味了一下刚才皮卡车小伙的临别赠言。山谷的松树云杉笔直向上，我仿佛察觉了那最高处的目光烁烁，

{ 雅江报春 *Primula involucrata , yargongensis* ↑

{ 刚毛赤瓟 *Thladiantha setispina* ↗

{ 管花鹿药 *Maianthemum henryi* →

{ 滇牡丹 *Paeonia delavayi*（叶、果）↓ ↘

有祝福，有凝视，也有仇恨……

万一，有狼，有黑熊，有山豹呢？怎么会有呢！万一有一只老猴引领一群猕猴，在我身上闻到小猕猴的味道，向我复仇呢……

我停住脚步，假装坦然地——拍了牡丹的掌裂叶片和八字型果实。山谷无人，我不是装样给人看的。我假装坦然地——拍了满是小白刺，不怀好意的荨麻，它的花看起来也是凶相毕露。

我不敢停留在原地，这样会给伺机的狼群攻击的理由——如果有狼的话！怎么会有狼呢！我查询过很多记录，几无寥寥。但人这个物种，心里一定匍匐着一只虎视眈眈的狼！

短短一个小时，这段山谷敌意满满。拒绝着我，抵挡着我，恐吓着我，冷眼蔑视着我。而我同时也在想：它为什么对作格妈妈他们那么友好，赐予虫草，赐予松茸，赐予野果和牛草！昨天作格妈妈一个人下山，绝对没有此刻我的内心遭遇……

我前进两百米，又退回一百米，再前进两百米，正在犹豫是否要退回的时候，突然，一阵藏獒的叫声响起——我被解救了！平生第一次，我感受到藏獒的可亲可爱。它的狂吠，伴随着人烟。

透过幽暗的林谷，我终于看到了一处平坦河岸，石板牛棚之上有早晨的袅袅青烟。

有一位藏族阿妈正在撒喂鸡鸭，看见我，神情没有一丝意外。她招手，让我过去……藏獒，还有前面那一对上山去采挖虫草的年轻夫妇，很可能提前告知了我的行踪……

我走过去和她打了招呼。她说什么，我听不懂。她示意我坐在门前一把旧椅子上。鸡们跟着她，嘎嘎乱叫，藏獒看着我，不吼自威。

我傻傻地坐了十分钟，然后起身，我的语言、表情和手势配合在一起，向她告别。置身于人烟，让我刚才的一丝恐惧云消雾散。我想继续到周边找花，我感觉有一些花在等着我。

有一片偌大的低矮杂草灌丛，看得出那是从前林木砍伐后的牛场，牛

原始森林

场废弃后，一些树种迅速抢占，现在那里呈现出一种祥和自在的春天气息。草叶上滞留着昨夜的雨水，我犹豫要不要进入杂灌深处，耳边传来一阵有节奏的铃铛声。作格爸爸妈妈终于来了。

跟上他们的行进节奏。我喜欢这样一幅场景：骡马铃铛声中，三个人尾随其后，不疾不徐。骡子力大，驮着主要物资。两匹马儿半驮，它们各有一半的重量还没上身：一半是我，另一半是作格妈妈。我是客人，作格妈妈腿部做过手术。

在一处废弃牛场，骡马自己停了下来，它们知道这里是休息驿站。作格爸爸给骡子套上一个布袋笼头，布袋里是混杂玉米粒的粮食饲料。两匹马啃食青草。我们三人坐在旁边的枯树桩上，吃干粮。

几步之外有一棵老迈的花楸树，上面细枝上有红黄色管状花蕾，走近细观，密布很多花冠撕裂状外翻的小花，姿态花色很招人喜欢。第一次见这种形态，脑袋里检索不出它的种属，回来查植物书，才知道是柳叶钝果寄生。

照顾到我的体力，我们的三人马帮要分成两队了：作格妈妈赶着回去挖虫草，她带一骡一马先走；作格爸爸陪我，和另一匹马随后。

走了一会儿，作格爸爸问我，要不要骑马？如此陡峭的山路，看着马儿驮着不少东西，也喘着大气，怎能忍心上马！虽然，我也想加快速度，少一点儿耽搁他挖虫草的时间。这是我第一天上山，说不累是假的。

一处山石嶙峋区域，作格爸爸带我看了他们八月采松茸的歇宿之地。那里半悬崖半石洞，有个就地取木材搭建而成的平台，角落里搁放着各自的物品。那一刻我脑袋里冒出"山顶洞人"几个字。此情此景，让外面的世代变迁，模糊遥远。他说八月再来，带你采松茸，我随声应付。我喜欢这风餐露宿，渴望从那日常的纷扰里抽身，但来这一趟实在不易，于生活，于山高水长。

石缝里有一支亭亭玉立的佛焰苞，是一株天南星植物，但明显不是我已见过的一把伞或象南星。它没有叶片，花色在淡红到白到绿之间过渡。

{ 木里溲疏 *Deutzia muliensis* ↑

{ 卵叶山葱 *Allium ovalifolium* ↑

{ 白苞南星 *Arisaema candidissimum* ↓ ↘

｛ 柳叶钝果寄生 *Taxillus delavayi* ↑

｛ 四川堇菜 *Viola szetschwanensis* ↓

｛ 山莨菪 *Anisodus tanguticus* ↓

| 作格爸爸与白马 ↑
| 七八月份采挖松茸时的夜宿地 ↓

| 路边的鸟巢有蛋 ↓

有哪个画家可以调配出这种颜色？红绿撞色张力十足，又强烈又矛盾，但经过自然这只大手的拿捏降伏，变得如此祥和。作格爸爸说本地人叫它魔芋花，但我从魔芋种属里面找不到对应模式，暂且就叫它白苞南星吧。

又见到一支，在溪边。还有一支，爬在了苔藓满身的老树杈上，是谁将它播种在这里？是风还是鸟？三支白苞南星，群而不党，彼此守望，让我忽然想到诗人王小妮书写水莲的诗句："像导师又像书童"……

这条被我日后命名的蝴蝶谷，从山谷低处到高处，串联着超出我预期的很多早开春花。在一处碎石杂草坡，我见到了去年七月底见过的鸡肉参，是个不小的群落，一朵又一朵的邀请，开始让我拍不够，后来拍得有点儿腻烦。

钟花报春和偏花报春，已经熟知。独花报春初见。桃儿七虽是国家二级保护植物，但我已在很多地域见到过。

象牙参，黄精，高河菜，开萼鼠尾草，驴蹄草，西南鸢尾，刺叶点地梅，裂叶点地梅，山莨菪……对不住了，我只能用相机和文字点到为止——我已明显感觉我的作业拖累着作格爸爸。

他在前面等我——我以为是让我加快速度赶路，其实，是给我个惊喜：路边石缝苔藓隐秘的角落，有一鸟窝，里面四颗鸟蛋，鹌鹑蛋大小，有褐色斑点。我远距离用手机拍了一张虚焦照片，迅速离开，继续赶路。

每过一段时间，作格爸爸就会问我：要不要骑马？而我每次都在一丝犹豫之后拒绝。这一丝的犹豫，让目光停留在马背，停留在马的眼神。每一次，目光和它无声交流。它恭顺，与人为善。我怎能忍心？……

从陡峭爬到平缓，也就走出了森林地带。来到牛场，忽然豁然开朗。终碛垄如同上古时代的水库堤坝，分布着十几间牛屋，还有数间背靠侧碛的巨石，看起来又安全又危险。

我们在那儿！作格爸爸用手指了指坐北朝南的一处山坡，山坡背景中的天际，有云雾中雪的隐约反光。阳光穿透部分云层，照射在那里。我的方位感迅速恢复，那里应该是央迈勇神山的居所。

本地之外的其他人采挖虫草的临时营地 ↑

呷独牛场（下） ↓

这里就是呷独牛场。眼前所见的群屋，随意安适，没有人烟，但你分明感觉到：有种寂寥中的接纳和等待，萦绕盘旋于石屋之上。如同山下的空心村，每个巷道口，都有一种无声久悬的问候。

作格爸爸指的那儿，在冰碛湖湖头斜坡高台。牛场牛屋有两个群落，分布在湖区两头，彼此相距三里左右。

作格爸爸又问：骑不骑马？这次我好像变成了另外一个人，说：骑！很干脆。马儿为我上山，骑它就是成就它一天的做工——我这逻辑是不是有点儿狡黠？……我心里还有一种规则：不可推挡主人的茶水！主客之间，只有施了受了，关系才会确立，才会融洽……这是我的神逻辑。我与这匹马之间，只有骑它了，它让我骑了，我们才会建立深层次的情谊。接纳就是信任。

平缓牛道在灌丛中盘绕。借靠路旁一块大石头，我上了马。马背上，因为视觉的变化，我猛然感觉有种久违的熟悉快感。之前数次骑行，但那些马是主人的赚钱机器，我和那马之间有条无法逾越的鸿沟。而此马、我、作格爸爸，我们之间，已然成为一个整体，在接下来的几天，我将我交托给他们了。

身体在马背上有节奏地晃动，那是马儿的前行传导，这律动里有旷古记忆，人之所以能够意气风发地走到今天，马儿功勋至伟。我本秦羌之后，家乡的古坡草原，名不远扬，却也用肥草养育战马，助我祖先在马背上赢得家国。

走了几百米，我下马，拍拍马屁股，感谢它。剩下不到一里路程，我让作格爸爸先走。我被一块悬立在牛屋高台悬崖边的大石头所吸引。汉文化里有村头风水树一说，此处藏地，这块亘古立定的大石头，是否也与先民勘定牛场牛屋有关？

远远望见马儿停步在一处牛屋前，作格爸爸正在卸货。那处牛屋是作格一家的夏季住所，这几天属于我——不是旅店，我已认它为家了。

此时是下午两点半。先前到达的作格妈妈已经在对面山谷，作格爸爸

| 站立在呷独牛场（上）悬崖边的巨石守护神——杰达布石 ↑　　　　　　　　　　　　　　| 作格家牛屋，到家了　↓

指给我看，如此隐现遥远渺小，他却能精准认出，我服了。他简单交代几句，让我自己生火，就急匆匆出门，向着作格妈妈的方向，挖虫草去了。

从海拔 2565 米的山下作格家，到海拔 4447 米的呷独牛场，急升近 1900 米，路程也足有 13 公里，虽不是重装，但也疲惫不堪。我在火塘右侧一边铺开防潮垫，和衣躺下。不一会儿，身子越来越冷，恍惚间我感觉落在冷水里……我看到天上云层里的妈妈，如年画一般温暖艳丽。我眼角渗出了泪水……忽然，有人推门而入，我惊醒。

原来是作格的大舅陈雪松，我好奇他和作格妈妈怎么有汉族的名字。他说是跟随了外公的姓氏。

他一进牛棚就开始生火。没有火的时候，牛棚就是一块实心石头，这里的一切都在拒绝，在推挡，身体周围似乎有无形之手在扼住喉咙。可是一旦点燃干柴，仅仅是青烟升腾，就完全改变了一切。

有了火塘，就是聊家常。作格大舅早就从作格妈妈，也就是他的亲姐姐那里，知道我要上山的消息。他是山下吉呷乡一个村的驻村书记，是公职人员。他说呷独牛场及周边区域行政分属三个乡，前几年村民不时有越界采挖虫草发生矛盾的情况，因此成立了调解机构。三个乡政府各配 1 人，再加派出所 1 人，总共有 4 个人驻守山上。从 5 月 5 日到 6 月 15 日，40 多天的虫草季，与村民一起上山下山。

六点多，作格爸爸妈妈回来。作格妈妈上山早，但只挖到 2 根虫草，作格爸爸去得晚，挖到 3 根虫草。不一会儿，作格妈妈开始做饭，作格大舅坐旁边说话，而我，借靠柴火的暖意，又昏昏欲睡了……

06.
07.
2021.

B ○— D2

呷独牛场 / 蝴蝶石

呷独牛场(上)

杰达布石

作格家牛屋(4447米)

呷独牛场(下)

溪谷

蝴蝶石

独哑口(4712米)

瞭望新果牛场哑口(4920米)

新果牛场

遇冻雨折返

北

呷独牛场

| 呷独牛场（上）牛屋村 ↑

| 呷独牛场巨石也是冰川运动的结果 ↓

早起，看时间已是六点二十。起床之前，火塘已经燃亮。高原藏地的每一天，都是在青烟冒出牛屋开始的。

稀饭是用昨晚的剩米饭熬成的，这是我要求的。接着喝酥油茶。然后是作格妈妈的挤奶时间，而这个时间我用来整理自己的背包。

昨晚说好的，今天我独自行动，我要去释放这大半年的遐思，这遐思就是憋积了大半年，无数次地图刷屏后，最后承接我无数念想的那块大石头，它的名字叫蝴蝶石。

蝴蝶石，这个名字是近年来徒步洛克线的山友所起。我翻阅洛克先生途径停留此地的文字，均未提及"蝴蝶"之名。既然有山友对石头的命名先例，我将昨日从作格家起点上山的无名山谷，命名为蝴蝶谷，未尝不可。

从牛屋出门，早晨的呷独牛场看到的天色，一半蔚蓝，一半灰白。作格爸爸指着那块蔚蓝天空下的位置，说，蝴蝶石就在那里，你从牛屋村之上的半山腰过去。尽管经过卫星地图无数次的走读，我对蝴蝶石的位置已了然于心，但此刻的我，还是一副虚心并无知的表情。这不是伪装，而是：你要在给你掏心掏肺指点迷津的人面前，让自己成为一只空杯子。不仅是礼仪，而且是：你会得到未知部分，同时或颠覆或矫正或更新你之前的已知部分。

我根据山势地形能够大概确定蝴蝶石的位置，但呷独牛场灌丛乱石中这些被牛马踩踏出的千条万条的前往路线，却让选择变得茫然。作格爸爸的指引，引发我在此后数次行山中思考并多次印证：高原徒步的路线，大多以绕高不进入谷地沼泽，最为合理。

我在低矮灌丛中穿行，视线中不时出现巨石，这些石头的存在，是冰川时代的历史书写。如国史之《史记》《资治通鉴》。我敬仰这些巨石。

山之禁忌，禁忌于那个至高点。一些高峰攀登者的文字，告诉我这个"登山宝训"。学会在至高点避让，因为那里是神仙的居所。高山有高山的大神，巨石有巨石的神祇。我慢慢学会，不再踩踏这些石峰，以抒高瞻之私情。谦卑，敬畏，学会望而却步。

丛菔 *Solms-laubachia pulcherrima* ↑ ↗

雪层杜鹃 *Rhododendron nivale* →

丽江葶苈 *Draba lichiangensis* ↓

只登垭口，这是几年来我自己的所得。垭口是高山的邀请，是接纳，也是拥抱。每登临垭口，都有一种莫名的、奇妙的喜悦在等待。

当你靠近并仰望这些巨石，你会真切感觉它是有生命的，它就是先知。它上面的杂草，从石缝里长出的矮树，是它的毛发，也是它的思想。是它的深深爱思，是它的怒发冲冠。我用手摩挲它，触摸它的沧桑，它的粗粝，它的冰冷——并通过冰冷迅速传导给我的启迪。有时我会和它说上几句话。微风滑过草叶的唰唰声就是它对我的安慰。

我在其中一块巨石下歇了一会儿。这里可以俯瞰呷独牛场的全貌。从云层里射出的光束，如舞台上的探照灯，从牛屋村尾慢慢向上移动，经过了作格家，并照亮了中间幽暗连绵的灌丛。现在它经过了这块巨石，经过我。

看起来并不遥远的路程，走了一个多小时。临近九点，我终于爬上了蝴蝶石背景中的那个小山坡。我又坐了下来。

对所有心仪之物，在即将临近的那一刻，我都会停下脚步。近乡情怯，近美情怯，近爱情怯。爱之迟缓，说的是浓烈，说的是黏稠，说的是内心激荡而只轻轻一声叹息。

此刻我在蝴蝶石的背面。如果洛克先生此刻拍照，我就是它镜头里左边草坡上天际处的一颗黑芝麻。此刻，我觉得自己穿越了时空，来到 1928 年 6 月的那一天。我看到洛克先生正在按照他的想法和构图，指使着他的队伍，立定在蝴蝶石下。而我呢，一定是这个呷独牛场的牧童，突然闯入了镜头。

我好奇那一天，洛克先生有没有在呷独牛场遇见过这样一个"我"。在他笔下，在他蜻蜓点水的有限文字中，蝴蝶石，并未命名，当然也谈不到今日洛克线的口碑，在山友口中的盛名。

我自那个半坡走向蝴蝶石，蝴蝶石呈现它的非蝴蝶姿态。它顶面因为近日的降雨，湿漉漉的，在逆光下反射着云层的透光。走近那一刻，我说，洛克先生，我又来了。去年我虽心心念念，但有眼无珠，最终错过。

我还可能说过请洛克先生原谅之类的喃语，大概是把蝴蝶石看作洛克

在蝴蝶石上方俯瞰呷独牛场　↑　　　　　　　　　　　蝴蝶石侧面　↓

先生化身了。那一刻忽然觉得好玩。转念又想，真的已经很难将洛克与蝴蝶石分割了。这块石头因为洛克先生的一张旧照而声名远扬，看似艺术的碰巧，实则也是必然。

蝴蝶石海拔 4570 米，是一块页岩石，它并不是按照常人的理解，从央迈勇山体逶迤段滚落下来的。这里的和缓草场，清晰书写了它的身世。它是冰川时代下，重力和融雪径流共同搬运的结果。所以，它曾经是冰斗湖中对镜梳妆的一块石头。不知何年何月，冰斗岩槛被融水冲毁，湖水外泄，蝴蝶石搁浅，湖底变成草场。

它是一块幸运的石头，千年牛道从身边绕过，引来洛克先生，并被他慧眼识珠，作为照片背景，被记录，被留存，被传播。

来到它的正对面，也就是洛克先生拍照的视角。我翻开手机里保留的蝴蝶石旧照，并根据照片里的山形和相互之间的叠加位置，调整我的落脚点。这不是个轻松活。

你不能重新站在同一条河流，也不能站在同一位置拍出同一张图片，看似不动的身子，其实心在动，呼吸在动，手中的相机也在动。往日无法重现，照片无法还原。

1928 年 6 月下旬，洛克先生和他的考察队，第一次经过这里，扎营夜宿，不知何故，并未留影，但也有可能，有几张照片至今躺在哈佛大学燕京图书馆被尘土掩埋。同年 8 月，第二次在此考察，才留下这张信息量巨大、意义非凡的照片。他的纳西族护卫、得到木里王帮助而派遣的喇嘛官员和几个藏族人，总共 13 个人，同在一框。

这一刻我就是洛克，我眼前的蝴蝶石前，13 个人，或人声鼎沸，或鸦雀无声。

这里也是朝圣者的必经之路，是他们停歇喝酥油茶的地方。洛克先生的第一次亚丁之行，就是按照当地藏人的大转山路线，途经此地的。第二次，根据资料研判，可能是从现在景区的牛奶海、五彩海、松多垭口、蛇湖一线来到此处，这一次看起来惬意，是不为行山，专为考察而来。

| 2021 年 6 月 7 日，作者在洛克同一视角拍摄蝴蝶石 ↑ | 1928 年 6 月，洛克一行第一次转山考察时曾在蝴蝶石旁扎营。同年 8 月，探险队第二次进山时拍摄此片 ↓ |

但是，我还有疑问：他为何没有涉足蝴蝶石下方的呷独牛场？蝴蝶石是呷独牛场的一部分。1926 年 6 月下旬和 8 月，这里正是夏季，牧草肥美，牛羊遍地——我忽然一惊：那时有牛场吗？是谁家的牛场？如何追溯作格家祖上的放牧史？

来一次不容易，再来一次同样未知。天意难测。我从各种角度拍下了这块石头。如果说这块石头历经百年有什么变化，大概最明显的就是石檐上的植被。有一些一岁一枯荣的草本，也有一些相濡以沫地老天荒的地钱。

就在此下这个时间节点，蝴蝶石区域面貌，迎来它亘古以来最大的变化：有人要在照片右侧后方修建房子。自此以后，洛克先生镜头下的蝴蝶石，背景里多出了一间石屋。

蝴蝶石右翅膀下，已经有一堆被塑料布包裹叠放的水泥。石屋地基完成，墙体砌上一米，梁木散落四周……这是我极不情愿看到的画面。但我只是一个外人，我无可奈何，也只能无可奈何。

逗留一个多小时，离开石头时，我记得我说了句：再见了洛克先生。我一步三回头，用目光和相机记录下这块越远越小、越小越无奇的石头，直到它融没在呷独牛场。

我的下一个目标，是去可以俯瞰新果牛场的一个垭口，这里是央迈勇逶迤南去的山体。这个垭口不属于游客朝圣者，仅有的足迹，可能只是偶尔和我一样兴之所至，或高视觉寻找牛群的牧民所留。

我看准那个方向爬行。这里海拔接近 5000 米，是灌丛无法到达的区域。视野开阔，脚下少有羁绊。初夏的草木刚刚萌发，风化页岩碎石缝隙里可以看到少量的开花植物。

一出生就抓紧时间开花，这里的惜时如金是看得见的。暗绿紫堇，只是伸出两枚小叶片，却擎举出相对于自身壮硕得多的冷颜紫色小花。云南葶苈，一边长个，一边开花，沉着雅致，你看不到慌张。最让人惊叹的是线叶丛菔，垫状草堆呵护她历经一冬酷寒，成就她此刻的夺目。如果细看，从下往上看，页岩石碎片缝隙，到处都是。她是头筹，其他只是陪衬。

雨雪后云蒸霞蔚　↑

在央迈勇南延山脊垭口眺望新果牛场，未果　←

页岩石檐下是我暂且的避雨之所　↓

越往上爬，碎石越松软，如斜倾的无草沼泽。不怕脚下深陷，但怕触动流石滑落。我的身体平衡感还算不错。一个脚步下踩，收紧肢体，另一只脚动作轻盈地迅速承接前一只脚转移过来的体重。如履薄冰。

脚下有明显的足迹。一定有些胆大的牦牛，也曾经登高望远过对面山谷。我终于爬到了这个垭口。定了定神，喝一口水，准备临渊羡牛，看看悬崖峭壁下的新果牛场。

可是，这个刀背山脊，我身处的这一边积雪朗照，另一边却是浓雾紧锁。我有一点儿恐高。今天的举动有些胆大，可能超出了我的身心预期。我的设想是：在垭口悬崖处趴平身子，伸头探望。

山顶天气在变坏。我心存侥幸，希望阳光穿刺云层，希望大风吹散云雾，让我得见新果牛场的片刻清朗。我从垭口爬向无雪的那一边，寻找可以俯瞰新果牛场的不同入角。

去年洛克线之行，大雨后新果牛场的幻美，凝结在记忆中从未消减一分。我想再次亲历，再次俯瞰牛场，那里安放着我的愈久愈醇香的佳酿。

大雾愈浓，云层愈黑。我的奢望并未得到应许。我被劝阻。我是否有僭越之嫌？但我接受劝阻。这劝阻，是对去年新果牛场的围筑，是留存，可能还会永存。我乐意接受这个结果。

我的赏赐来了。我听见了悬崖下山谷溪水的鸣唱，不是修辞，是真切听见。我的神思拨开云雾，栖落在溪水边，去年早晨我前往溪水边洗漱时的所见所想，又回来了……

忽然有雪粒打在衣服上，唰唰声细微而清脆。这是警告，是驱赶。我领悟。谁也猜不透接下来是否有狂风暴雪，狂风吹我到悬崖，暴雪让我失温，都不是玩儿的。

雪粒落在碎石上，四处飞溅。我撑开手杖，小心翼翼，寸步慢移下行，沿来路折返。

下到山腰一半，雪粒变成雨滴，又变成大雨，我迅速套上雨衣，但大风乱吹，雨衣无法完全遮住下腿和鞋子。我停下来，靠近一截两人高的石崖，

暗绿紫堇 *Corydalis melanochlora*

确认安全后，蹲坐下来，让雨衣遮住腿脚。

这是一条无雨干涸，有雨溪水迅速集结流淌的小溪谷。此刻，我的眼前是溪水龙头正在奔涌。我终于理解了为什么把水流比作是龙头。那条溪水，就是一条有什么带领着前行的生命体，探头探脑，左闻右嗅，疾驰，不可遏止。真的是，比一条有生命的真蛇灵动多了，快意多了。像是河谷阔大形成的山洪，张牙舞爪，暴戾恣睢，难怪民间要祭拜安抚。

我眼前的这条不大的溪水，欢快可爱，唱着小曲，奔向远处，给我片刻安宁。没过多久，雨停了，溪水也小了。刚才落雨的地方，迅速升腾起云雾。

时间是午后一点半，收工太早。我在云雾中绕行，来到黑湖那面山坡。

去年我在这里收获太多。不仅是野花，还有作格一家的情意。黑湖的水面同样退却不少，留下此刻绿草如茵的湖底，有一群马正在那里大快朵颐。黑湖背靠的山体，和其他地方一样，牧草的枯黄和嫩绿正在暗中交接。那是牦牛喜欢的区域。

我想重回去年的黑湖垭口看看，但天气让我犹豫不决。眼前的黑湖，从湖尾到湖头，白茫茫的雨雾正在漫溢，用不了多久，它也会漫溢过我。我未雨绸缪，套上雨衣。

十多分钟后，雨雾果然来了。此处，相对黑湖海拔高出三四百米，雨变成了雪粒。雪粒打在僵硬的手上，麻木中有点生疼。我懒得从包里取出手套，将手缩回到雨衣的松紧带袖口。几年的高原徒步经验，抓绒加羽绒加雨衣的配置组合，完胜价格不菲的冲锋衣。20D 材质的雨衣轻便好用，但也有它的讨厌处，气温稍高，雨衣内侧就会热气凝结，如雨水倒灌浸透。

雪粒，冰雨，被大风搅拌。我想寻找一处可以遮挡的石檐，可是近处搜寻不到。我被迫跻身在几块页岩片石交错搭建的狭小空间，半蹲半坐。

四周被雨雾淹没，雨雪没有短时间内停歇的意思，我频繁更换坐姿，最后索性坐在一块湿漉漉的石板上。我旁边的另一块黑褐色石头上，飞来一只我无法辨认的小鸟，羽毛间褐间黄，间黑间白。我说，你好，它没有

革叶兔耳草 *Lagotis alutacea* ↑

垫状虎耳草 *Saxifraga pulvinaria* ←

单花荠 *Pegaeophyton scapiflorum* ↓

应答。几分钟后唧唧叫了几声，冲起又收紧身子，往山下黑湖方向飞去。

它弃绝了我，忽然间，莫名的孤独再次来袭。有一瞬间，我感觉自己实在好笑，千山万水来到此处，被一阵雨雪困住，强制安身在几块石头缝隙。连那只小鸟都不愿搭理我。在我即将惯性地滑入幽暗深渊的那一刻，一群兔子拯救了我。

一群兔子，在我痴呆涣散的目光中，跳起舞来，一双一双的耳朵在我下坠的黑井中将我驮起，升空，直达天庭——我出神了，五指紧握，体感告诉我并未失温。

我看到的群兔是革叶兔耳草。是初见，又一拯救过我的草木，我记住了你。在微小的向阳生境中，只要是可以遮挡大风的地方，几平方米或几平方厘米，都可以成为它们的舞台。

革叶兔耳草，你鼓舞了我，也营救了我。

时间不早了，我决定返回。在革叶兔耳草的欢歌笑语中，我慢慢走远，向着作格家的牛棚，向着呷独牛场的方向……

八点光景，作格家门外有一声招呼，进来一个人，作格爸爸说是收虫草的小老板。作格爸爸拿出这几天的收获，在火塘前摆放。老板分分合合地组合这二十来根虫草。我听不懂他们具体说了什么。他们说话间隙，征得同意，我好奇地打开老板的塑料袋，里头有六七十根湿土包裹的虫草，他说一天收一百来根。几分钟后，作格爸爸再次将虫草收回到自己的铁盒子。看起来是生意没谈拢。

虫草老板留下来吃晚饭，有口福。昨天骡马驮上来的现宰鸡肉，此刻正在作格妈妈的炒锅里逸着香气。吃饱喝足。虫草老板出门，消失在夜色中，又赶赴另一家牛屋。

我问作格爸爸刚才的交易情况。他说老板出价 42 元，他要卖 45 元，差价 3 元，谈不成。我开玩笑，一顿鸡肉饭快要赶上这个差价了。作格爸爸说，吃饭不能算，哈哈。

虫草老板在山上直接收购，然后拿下山去，在稻城县城加价 5~8 元

政府调解处

杰达布石

小水电

作格家牛屋

俯瞰呷独牛屋村（上）

卖给更大的虫草商贩。

看着作格爸爸有点儿失落，我买下了他另外五根烤干的虫草。这五根，作格爸爸说，是作格给她朋友准备的。作格妈妈又递给我一根无法销售的空心虫草，让我尝尝。空心虫草是因为营养不良，提前萌发出土。

九点多即将就寝的时候，一个女邻居过来，和作格爸爸妈妈斜躺一起，姿态如常见的一家孩童，观看山下下载在手机里的电视剧，不亦乐乎。看着他们又辛苦又知足的日常，我还有什么理由不好好睡上一觉呢！

| 虫草商贩与作格爸爸商谈

| 虫草商贩当天收购的新鲜虫草

洛克线。植物记。

2021°06°07

呷独牛场 + 蝴蝶石

06.
08.
2021.

B ⊙ D3

蛇湖垭口 ╱ 虫草

石檐避雨处

呷独牛场(上)

呷独牛场(下)

杰达布石

作格家牛屋(4447米)

蝴蝶石

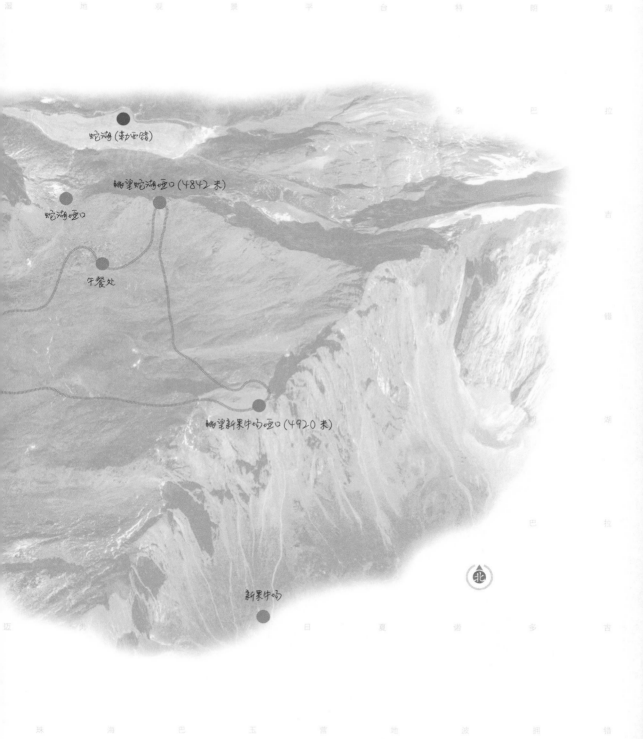

蛇湖 (勒西措)

眺望蛇湖哑口 (4842米)

蛇湖哑口

午餐处

眺望新果牛场哑口 (4920米)

新果牛场

作格妈妈在挤牛奶

早晨七点，作格妈妈在挤牛奶。作格家不以牧业为生，家中只有两头母牛，又各自生下两头小牛。圈养两头小牛的牛棚，低矮狭小，垒石成墙，塑料布遮顶，是专为小牛夜晚避风御寒而建。

昨晚起夜，夜色中有两点不明发光体，原来是我的头灯投照到母牛眼睛上，那反光有点阴森恐怖，惊吓我不小。夜晚小牛在牛棚隔离，母牛就这样一直徘徊在牛棚周边，守望到天明。

由于隔离，母牛积蓄了一夜的奶。作格妈妈从牛棚里牵出小牛，在拴牛桩拴好，母牛靠近，立定在小牛身旁。先是挤出大部分，再解开小牛的缰绳，让小牛吃挤剩的奶水。

人口中的牛奶，就是抢夺的小牛的口粮。

作格家的两头母牛，每天各自产奶 5 斤，一天 10 斤，三四天时间积攒一桶，这时作格爸爸就从邻居那里借来手摇牛奶分离器来加工。

先是在火塘上烧煮奶液，等到一定温度，作格妈妈一手舀奶液到分离

牛奶加工

呷独牛场北坡临近蛇湖垭口区域　↑

作格爸爸在找虫草　↓

虫草喜欢这种色彩　↓

器，一手摇动分离器把柄。一两分钟后，米黄色的油脂从奶液中分离，从分离器上口流出，经冷水冷却，凝固，再垂挂在布袋中，滤出汁液。晚上，作格爸爸收工回来，用手掌反复拍打和揉捏，使其成为泥状固体，就成为我们经常看到的酥油。每百斤牛奶才能提取制作出五六斤这样的酥油。

油脂提取分离后的奶液，称为奶渣，奶渣再熬煮，上面的凝结物就是奶酪，再剩物就是曲库。

牛奶的活计弄完后，我们便出门。昨晚说好的，我跟着作格爸爸去牛场临靠蛇湖垭口的这边，作格妈妈和邻居去牛场对面。

呷独牛场背靠的这面山坡，是嶙峋巨石密布的区域，裸石风化土壤和植物腐质共同构成独特的生物环境。生命力极强的苔藓，在这个春寒料峭的初夏，金黄地包裹在石面上，雪层杜鹃的紫红色小花，密密麻麻的，你忽视着它，它却紧抓着你的眼球不放。

雨雾蒙蒙。作格爸爸在前面寻找虫草，我在后面若即若离，拍我的花，只保持视线中可见。锡金岩黄耆和云南棘豆不时在杂草中露脸，但我倾心于石缝，那里会欣喜不断。

忽然下起一阵不小的雨，附近挖虫草的互相吆喝着小跑，到一块大石头下避雨，作格爸爸也招呼了我。雨丝斜斜的，这块大石头正好可以遮挡。和这几个藏民挤在一起，身体距离近，我感觉他们就是我的村巷四邻。久违的群体中的心安与温暖，我在一群陌生人中找到了。

他们笑问：你从哪里来？我笑问：你叫什么名字？可是我怎么记得住，这些看似随意率性，实则从寺院里求来的名字，什么玛、什么泽的。但有一点儿记忆深刻，那就是笑声，几乎每说一句话，几个字，都有爽朗笑声尾随。

雨稍小，大家一哄而散，重新跪爬在草地上。我被一块碎裂两半，裂缝一尺有余的巨石吸引。果然，那缝隙里有几株盛花怒放的全缘叶绿绒蒿，黄色花瓣被几天的雨水浸泡，变成半透明的丝绸。石缝是一处避风的温室，此处生长的植物时令比常境要提早不少。

让大家惊呼的大个虫草 ↑

石檐下避雨 ←

虫草近摄 ↓

另一块大石头下，有一群叶片阔大的车前叶报春，它们背靠石头躲避风寒，也得到石头滑落的雨水，对高原植物来说，这里就是宜居怡乐的好家园。它们的选择是自身的聪明，还是上苍的眷顾？

巨石森林如迷宫，也如废城。我穿行其中，恍惚中有如在穿越史前文明……如果此处有悠久的牧牛史，那么这里也有可能是一座原始石城。我是不是想多了？

听到作格爸爸喊我，循声望去，他在相隔百米的一处草坡向我招手。我知道他们有了新的收获。快步走近，原来是另外一位藏民，发现了一株可能不小的虫草，从生境上他们有足够的经验判断。我见证了这根虫草的挖掘出土过程，当这位女主人小心翼翼地从挖松的土壤里揪出虫草，围观的众人一阵惊呼。随后，这根硕大的虫草在我手心里，拍照留念。价格 80元以上，女主人快意着寻找后的馈赠，我喜悦这土里藏金的不可思议。

临近中午 12 点，分散在草地的虫草人互相吆喝，聚集在一起，要吃干粮了。我也加入其中。大家围成一个椭圆，中间摆放各自的食物，青稞饼，麻花，馒头，冷米饭。我的是饼干，拆封后每人分发两块。

对面的小伙笑声爽朗，开了几句玩笑，引起我的关注，我说从你的衣服来看，你不太像专门挖虫草的，其他人大笑。原来他就是前天作格大舅说过的驻扎山上的三个乡干部之一。村民相安无事，他们也无聊，便跟随大家一起，一边散心，一边看能不能捡到虫草。我问捡到几根，他笑呵呵说一根都没有。

吃了干粮，喝了热水，大家一哄而散。我忽然被眼前的一幅画面深深触动：七个人，垂首一座无名山峰，像是在做虔诚地祷告，又像是恭敬地聆听——我想到米勒的《晚祷》。可它们不是祷告，是在寻找虫草啊——这一画面定格在我的脑海，久挥不去。他们不会带着朝圣的心境去求得一枚虫草，但他们的跪拜姿势，无声地将这庸常的生活和神圣的信仰融为一起。

也是这幅画面，让我解除了之前对虫草的误解。最起码，虫草在进入市场之前，是干净而尊贵的！和松茸一样，它是造物主恩赐给藏地山民的

| 寻找虫草如同向神山朝圣　↑
| 找到虫草，大家围上来观礼庆贺　↓

| 中午吃干粮　↓

口粮。他们跪拜寻找，得到，置换家用，给孩子交学费，天经地义，毫无道德上的瑕疵，也无戕害自然的社会背负。虫草是一种被毛孢菌寄生在蝙蝠蛾幼虫的结合体，它无法繁殖，即使不挖，也会在七月烂掉枯死。

和他们在一起，我这看似游手好闲无所事事的做派格格不入。于是和作格爸爸打声招呼，我想去央迈勇旁侧垭口，那里是个不错的观景高台。

临近垭口的碎石坡，分布着很多长鞭红景天，它们的粗壮根系深藏石缝，年龄越长，御寒能力越强。它在地面的枝条呈现草垫模样，蓬勃强悍，给人鼓舞。

爬上垭口，未过山脊，蛇湖那边的风就猛烈吹我。我戴上保暖帽，翻起软壳衣帽，来到山脊靠蛇湖一侧。对面是松多垭口，垭口之上是仙乃日，视线左下方是蛇湖，右上方是央迈勇，此刻全部被云雾包裹。这是个不错的观景台，亚丁景区的精华景点，有一大半都尽收眼底。

我坐在一块石头上，喝水，等待。这是没有底气的等待。对面松多垭口有亮光出现，如舞台上的低光投射在台幕。我的等待，没等来云开，却等来大雨。我并不慌张，套上雨衣，和昨天一样，找到一处能够遮挡半个身子的石龛，坐看风云变幻。十多分钟后，雨停了，风也和缓不少。

不一会儿，我等来了拨云见日。快速移动的大雾让蛇湖如同仙境。那雾长着奶白色翅膀，就像是身姿曼妙的天使，此刻在蛇湖湖面忘情游荡，翩翩起舞。我是偷窥者。

有人突然出现在右侧，粗鲁地闯入我的梦境，让我有点无厘头的气恼。但这地盘是他们的。整个山垭，目所能及之处，没有第三个人，我和他打了招呼。

他是对面蛇湖牛场的牧民，这个季节他的身份是虫草人。他翻越垭口来到呷独牛场，应该有点越界。我不自觉地将立场立定在呷独牛场，在作格家这边。很有可能，这个人和作格爸爸他们，倒没有我一样的地域芥蒂。

这人站在我的镜头前，看着蛇湖，说了句好看，让我内心一下子接纳了他。一个人迹罕至的世界，有人和你一样，赞美眼前所见。对于这些生

圆穗蓼 *Polygonum macrophyllum*

狭叶委陵菜 *Potentilla stenophylla* ←   车前叶报春 *Primula sinoplantaginea* ↑ ↓

⌐ 滇西北点地梅 *Androsace delavayi* ↑

⌐ 鞘柄金莲花 *Trollius vaginatus* ↓   ⌐ 毛茛状金莲花 *Trollius ranunculoides* ↓

〡 大花红景天 *Rhodiola crenulata* ↑ ╱

〡 德钦红景天 *Rhodiola atuntsuensis* ↓

〡 长鞭红景天 *Rhodiola fastigiata* ↓

长于斯的人，更为难得。

他向央迈勇山脚蛇湖湖头方向下山。我也该转场了，想去另一个垭口眺望几眼央迈勇南坡的新果牛场。还是昨天的执念。

下垭口，经过流石坡，多看了几眼上坡时看过的长鞭红景天，它细碎的红色花瓣有如油画笔的点染，也像繁复的地毯花纹。那地毯忽然在抖动，定睛，原来有一只灰麻色鼠兔，在啃食着什么。对峙几秒钟后，它醒神，逃窜，相机还未聚焦，它已消失在同色系的石缝里。

远远看到几个挖虫草的，在一块凹地蠕动，我吆喝一声，回应过来口哨。是作格爸爸。这种呼应，我们并未事先约定，说有就有了。我知道，他对我有一种未约定的责任，是内心自发的关切。

再和他碰面，简单聊上几句，我说我要再去一个垭口，你可以看得到。他说好的好的。

我在视线中规划了攀爬这个垭口的路线，斜切到垭口下的山脊，尽可能不进入石海，不走捷径，而是沿边缘绕行。

遥看不起眼的碎石堆，走近变成不可跨越的巨石阵。手杖作用再次凸显，还好暂时没有下雨。同样是远看并没有险情的山脊，近看原来是砾石坡，坡度陡峭，极易滑落。

我改变了线路，从有植被的谷槽横切到对面山脊，再沿山脊直上，虽然费力费时，但安全无虞。

半个多小时后，我坐在了垭口，和昨天的境遇一样，大雾隔绝了新果牛场那边的一切。我的深思依旧穿透浓雾，神望了石崖下的牛场，并在牛场，用去年那个雨后早晨的视角，看了几眼日照金山中与山峰融为一体的自己。那一刻我只看到山峰，并未看到自己。山峰金光四射，山峰高耸入云。

我坐北朝南，吃一颗巧克力，喝几口热水。新果牛场在我左手，呷独牛场在我右手。然后沿峰脊往南攀行。石缝里有另外一种红景天：德钦红景天，这个名字是后来查到的。有很多草芽，刚刚萌发，我还不知道它们将来出落成的样子。但也有一些，我可以大概判断，比如这株尖被百合。

雾来雾往中的蛇湖 ↑　　　　对面中部为松多垭口，仙乃日在垭口之上云雾中，央迈勇在右上区域 ↓

我可以想象它不久之后的笑意盈盈，它的笑不露齿。

云雾乌黑而澎湃，一场大雨看来不远了。没有下山的路，但我知道方向。两天下来，呷独牛场的四周环境，我已经非常熟悉了。

我寻找草甸和灌丛作为路标，这样的线路有点儿折腾，但没有碎石滑落的风险。没多大功夫，我已从山峰下到低处牛场。雨真的来了，周边都是白茫茫的。在我穿着雨衣准备快步去寻找作格爸爸的时候，有人在避雨的石头下喊我。我过去，是两个挖虫草的，说避一阵儿再走。没有之前生活中见到陌生人的不适，几句话我们就熟稔起来。他们知道我是作格家来的客人。

雨大了。我们在这块足以遮挡十几人的巨石石檐下，和其中一个小伙

｜ 小鸦跖花 *Oxygraphis tenuifolia* ↑

｜ 尖被百合 *Lilium lophophorum* （花苞） ↓

｜ 堆花小檗 *Berberis aggregata* ↑

说起了洛克，说起了蝴蝶石。说到洛克的那张蝴蝶石旧照，他说数过照片里的人，13个。我打开手机旧照，和他一起再数一遍，没错，13个人。我发现，他和其他呷独牛场的藏民一样，关于牛场、洛克、蝴蝶石的一切，也都是通过网络渠道而来。洛克在这里没有口口传承，没有传说。自己土地的故事，需要借靠存放于异国他乡的记录，凭借他人之口，他人的书写，得以留存。这有点儿尴尬。

我随口说了蝴蝶石旁有人修建石屋的事，他说那正是他的房子。这个巧合，出乎我的意料。和昨天面对蝴蝶石时的想法不同，我打消了给他说点儿什么的念头。此地是他的，他们的。他说他要弄个小卖部，向游客卖饮料小吃什么的。我说那里有房子可能在蝴蝶石照片上不太好看，我这话说得有盐无醋的。

聊了半个小时，他说有人喊你。我知道是作格爸爸，和他俩告别，进入大雨中。前面不远处有两个人并排蹲在灌丛，共用一把伞。走近，就是作格爸爸，他说看到我下山时的橙黄雨衣了，一直在等我。

我把随身备用的一把小伞给了作格爸爸，一起下山，回家。他在前面，轻车熟路，绕行在各种路径、灌丛、石缝中。我在后面跟着，目光中是无尽的泥水，但我很放松，思绪在体内进进出出。我们不说话。雨下得踏实，没有停下来的意思。

06.
09.
2021.

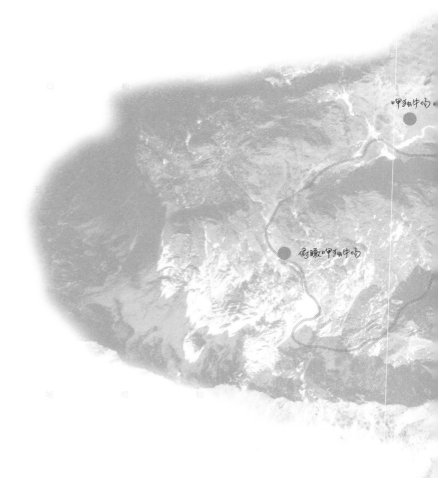

B⊶D4

拟
嵝
斗
菜
石
崖

杰
达
布
石

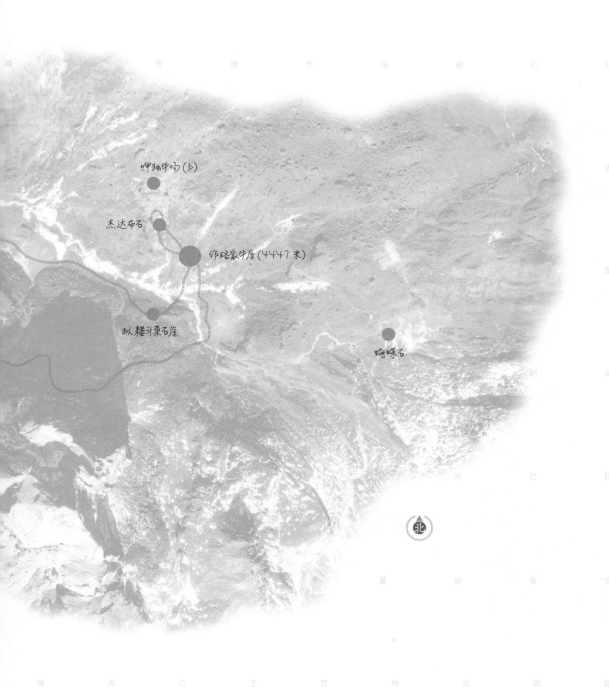

作格爸爸妈妈在自家牛屋前

作格爸爸在砍柴，作格妈妈的早课依然是挤牛奶。昨夜一夜无雨，奢望今天出太阳，但还是阴云密布。

碰到作格家邻居从外面赶牛回来。她手里拿着一把碎米荠青苗。我寻思是不是采回来吃的，问她，果然。

已经两天了，作格爸爸说对面大石头那里有很漂亮的花，蓝色的，带我去看。

下起了雨，不大不小。

作格爸爸穿上他红金面、羔毛里的新皮袄，节日的喜色一下子扩散到整个牛屋。山上每一天都是平常。每一天既不会糟糕，也没有格外的喜悦。如果让我给这山上的心情打分，75 分。那今天呢，因为作格爸爸穿的新衣，可以打 85 分。

等待雨停。喝酥油茶期间，他童心又起，玩起了佛珠。他顽皮地说算算今天的天气，数了数念珠，说不会下雨。我和他开玩笑：算算今天你和作格妈妈能找到几根虫草。他假装一本正经地数了数，说他自己五六七八根，作格妈妈二三四五根。我们笑着出门。

门口大石头上的小狗，依旧汪汪汪。来好几天了，依然没在它那里混个脸熟，混出个情分来。我们在有刺小檗灌丛中穿行，这里经年累月踩踏出不是路的路，四通八达，辐射出通往周边山野的各种可能。

牛场谷底，是湖水干涸，但溪流蜿蜒的沼泽地带。作格爸爸带我来到杜鹃杂树深处，随即在一处石壁前停下。随着他的手指，我看到了在檐壁石缝里伸出，又微微垂落的拟耧斗菜。

对我来说这真是惊喜。这两天我一直在猜测作格爸爸口里说的到底是什么花，想过很多，但没有想到是拟耧斗菜。作格爸爸顽皮地用气轻吹花瓣。它蓝紫色的花瓣，梦幻轻盈，它的震颤悸动被风推送，蔓延到我的心湖。我让作格爸爸先走，他要去挖虫草，干正事的。

我想一个人慢慢坐看一会儿。

我一个人，被杜鹃花树掩映，坐在拟耧斗菜满挂的石壁下，一块大石

拟耧斗菜 *Paraquilegia microphylla* ↑ ↗　　　作格爸爸顽皮地吹气，大概他看多了拟耧斗菜在微风中颤栗的场景 ↓

头上。我身边的一切渐次暗哑，虚无。只有目光，目光如蝶栖落在拟耧斗菜的繁花上。

我是诚实的，没有虚与委蛇。荒野自然中，总有一些梦幻时刻，让心智的体验全然陌生，如醉饮。

心境里的喧嚣出离，只剩寂静。一组蒙太奇的慢镜头，此刻投射在石壁。垂落的拟耧斗菜，算不算迟缓的寂静？湖水，算不算沉淀的寂静？雪山，算不算堆砌的寂静？冰川，算不算凝固的寂静？一波一波生生死死的草木，算不算失而复得的寂静？

石头上坐着的我，眩晕的我，茫然悬浮的我，此刻被太多的寂静包裹。

寂静需要聆听。我一直在聆听，寂静有时汹涌。潮水算不算荡漾的寂静？

静坐之前，我已经拍了不少拟耧斗菜。起身告别时，又想再拍。但我劝止了自己。我忽然想到，人与花之间的关系。从前的亲密无间哪里去了？

如兄如弟，如胶似漆——那个时代如昨，并未走远，至少，我们这一代还看得见。但我们父辈，祖辈，上古，那惜物如金如命的时代，回不来了。

如今，物质给人的喜悦荡然无存。我们见物不喜，见花不悦。我们不择手段占有，又弃如敝屣。人与物，人与花，同床共枕，同床异梦……

叹一口气，我顺溪水下行。

呷独牛场所在的峡谷是一条冰蚀谷，很多牛屋建在终碛垄上。

冰川时代，山谷冰川将冰碛物从山体搬运到谷底下部，之后融化，冰碛物释出。其中堆积在冰舌前端的，形成终碛垄。终碛垄内积水成湖，形成冰碛湖。若遇丰沛降水，垄堤无法承受，终碛垄就被冲出豁口，湖水外泄，原来的湖区变成灌木杂树丛生的沼泽湿地。

在终碛垄豁口那里，我被一处回旋开阔的溪水所吸引。那里的小蝌蚪，已经从黑色变为麻灰色。像一团一团乌云，漂浮在水底的天空。不明白这些小精灵，是如何到达这么高海拔的？长途跋涉还是从天而降？山有多高，鱼就有多高，蝌蚪也是。是鸟类无意携带，还是暴风席卷而来？

有一条山谷溪水冲刷出的石灰质砂石路，如今是干旱枯水，是天然的

俯瞰呷独牛场 ↑

呷独牛场灌丛湿地 ↓

上山路。我要左行绕爬上山，那里是虫草分布区域。我散漫地游走，寻花，目的是和挖虫草的作格爸爸妈妈会合。

正午时分，我坐在可以俯瞰呷独牛场的山坡上吃干粮。一只灰褐色的树鹨在我目光下方的亮叶杜鹃上啄食杜鹃花蜜。高原上看到的鸟类不多，看到它让我有几秒钟的诧异，随后联想了此刻的我，不知在它眼里如何看待我的出现。

眼前的冰碛湖沼泽地，溪水蜿蜒盘旋其中。我的手指莫名地描摹起那条白线来，溪水在我手指下，变成唐代张旭古诗四帖里的"青鸟""登天"。但也不对，想必张旭是仰天长啸，而此刻的溪水徐缓凝滞。这看似不可调和的对立冲突，如何被自然拿捏得形神融洽。这里有启示，但我依然未知。

我身后的半山腰，云雾里隐现着五六个扎堆挖虫草的藏民。这是我的田园牧歌。面对他们的爬行劳作，我真的感到羞愧。

接近他们时，他们正围爬在一起，我知道那个圆的中心，是一株金光烁烁的虫草。藏地高原是虫草的原乡。经过商贩、舟车、金钱的摩挲与讨价还价之后的虫草，被放逐，蒙羞，流离失所，渐渐失去灵魂，成为干尸。我庆幸自己这几天，厘清了它的身世。

我嘿一声，他们齐刷刷看我。其中一个说，快来这里。我过去，拿出相机，重复昨天一样的喜庆仪式。五个人，都是第一次见。他们唯一的问话是："你是哪里的？"

我来作格家。知道知道。他们的身后有八匹马。马背上驮着无尽的大雾，大雾似乎要把马匹和整个山脊吞噬掉。我不好意思打扰太久，也许他们并不觉得这是打扰。

我要去找花。想到自己有个找花的差事，或者说借口，我便释然了。

今天收获欠佳，一些花在前几天拍过了。重复见到的，如果不是特别惹人，镜头都懒得打开。那么，今天我做一个高原的漫游者吧。我做偶尔睁眼、多时冥想的阳光吧。我做云雾吧。

漫游者在草地向上爬行，靠近云雾带。从无到有，从少到多。云雾有

｛ 紫花雪山报春 *Primula chionantha* ↑

｛ 禾叶报春 *Primula graminifolia* ↓　　　　　　　　　　　　　　　｛ 紫晶报春 *Primula amethystina* ↓

⁄ 弯盔马先蒿 *Pedicularis obliquigaleata* ↑

⁄ 岩居马先蒿 *Pedicularis rupicola* ↓

⁄ 打箭马先蒿 *Pedicularis tatsienensis* ↑

⁄ 鹤首马先蒿 *Pedicularis gruina* ↓

| 发现虫草，大家围观庆贺　↑

| 一天八根虫草算是很不错的收获　↓

| 露出地面的虫草子实体　↑

| 地下的虫草子座，菌丝定格在蝙蝠蛾幼虫形体里　↓

着显明的旨意。云雾四处游荡，该来就来，该走就走……

看到了另一波挖虫草的，这次是他们喊我。问我是不是收虫草的商贩，我顺意回答说是。凑过去。一波五个人，一男四女。

我递给他们每人一颗巧克力，聊了起来。他们说，今年虫草稀少，年轻男人大多在稻城县或香格里拉镇，做旅游拉客的生计。有两个女的看起来是高中生模样的，问她们结婚了没有，她们嗤嗤抿嘴。旁边另一个女的说，孩子都上学了，都是两个孩子。看着眼前，我无法将结婚、生活重负、两个孩子这些联系到她们身上。

有人发现了虫草。大家又呼地围成一圈，先让我拍照记录。然后，有谁开玩笑说，卖给你！意思是押宝。我觉得这有点儿意思，于是答应。40 元，以一根虫草的中等价格，买下还在草地深埋的虫草。如果个头大，就占便宜了；如果个头小，就吃亏了……

开挖，小心翼翼扒出来，一看，小小的，也就值 20 元。我忽然意识到中了招。这株虫草生境是一处碎石，土壤浅薄，虫草不可能长大。他们经验富足，彼此心照不宣，而我是外行。但是，愿赌服输。我从钱包里拿出来 40 元。

几个人都笑话我，我这小亏不得不吃。我问可不可以当场生吃，说可以。这时，虫草的主人，也就是两个"高中生"中的其中一个，开口了：你可以在我的虫草里任选一根。我看她是认真的，有点诧异：真的？她说：真的。

有点儿不好意思。为我刚才的小心思，为我的轻看。

她从一个圆形铁罐里倒出全部的虫草，八根，让我挑选。她今天收获不错。这八根虫草，在铁盒里就是八颗躺在鸟窝里的蛋，鸟窝是金色新鲜苔藓做成的，柔软保湿。

目光中的八根虫草，真的感觉是有生命的，和它们的主人一样温婉可爱。我没有犹豫，没有权衡，选择其中中等的一根。不仅是基于买卖契约，更是回应虫草主人的善意。

另一个胖胖的"高中生"女孩，用纸巾小心刷掉虫草上的泥土。金黄色，

全缘叶绿绒蒿 *Meconopsis integrifolia*

这是我前所未见的漂亮颜色。我准备吃掉它。我让他们帮我拍下虫草入口的镜头。那张照片上，我夸张，应景，自嘲。

翠翠的，甜丝丝的，调配了一点儿似有似无的土腥味。和下山后吃的干虫草，感觉太不一样。此时此刻，此情此景，此人此虫草，可日后长久反刍。

告别他们时，有一个不太说话的，忽然话多起来。她说以后你再来，来了大家在山上耍；她说手机没信号，要不加个微信；她说你一定要来，来了找我……这是玩笑吗？一开始我微笑面对，好好好。后来我表情僵硬，不知道说什么好了。

他们的世界，我只是个路人，是个窥探者。和他们，我只是萍水相逢。生命不可重来，人生仅此一次。我想和他们走得更近一点，或者干脆成为他们中的一员——如果可以再次选择！

转身离开后有莫名的情愫，千转百回后的挠心。虫草封存着土地的秘密。记忆封存又挥发着一个人的过往。

我继续漫游。天色放晴。阳光把雾气撕裂成梦中游荡的奶白色丝绸。

看到作格爸爸他们了，他的新衣服格外显眼。他们在一处满是山石塌落的台谷。我呼喝了一声，他打口哨回应。走近，我还是一句俗话：找到几根？五根。不错啊！我将仅有的几颗巧克力，一一分发。我们坐着，并不多说话。

远远传来作格家小狗的汪汪声。这一只非常喜欢汪汪的小狗，叫的是欢快还是寂寞？

虫草是土地的蜜丸吗？万物静默如密，歌唱如密。万事来如密，去如密；顺遂如密，崎岖如密……

我是漫游者。再次起身告别，下到杜鹃密林处，那里是一条夕照林壑。不见溪水，但有白石头，人体蜷缩大小，闲散撒落，心平气和的样子。石头缝隙有几簇刻叶紫堇，它突兀于周边生境，显得激情澎湃。像西北乡村学校讲台上的青年教师，他从城里来，学校周边是黄土和沙漠。

眼前一亮，杜鹃林下有一朵紫红小花。紫花山莓草，我从它伏地的小

红花岩梅 *Diapensia purpurea* ↑　　　　凝毛杜鹃 *Rhododendron phaeochrysum* var. *agglutinatum* ↑

紫花山莓草 *Sibbaldia purpurea* ↓　　　　红花岩生忍冬 *Lonicera rupicola* var. *syringantha* ↓

{ 云南葶苈 *Draba yunnanensis* ↑

{ 刺叶点地梅 *Androsace spinulifera* ↓

{ 紫罗兰报春 *Primula purdomii* ↑

| 呷独牛场的守护神——杰达布石　↑

| 杰达布石下有相传杰达布手指压伤后的"血印"　↓

| 在石崖边看似摇摇欲坠却泰然处之的杰达布石　→

叶片上辨认出来。自从去年在新果牛场见到，对这种高原上非常普通的小草，我是莫名地喜欢和关注。看到它，我就想起那个美好的雨后早晨。

漫游者下到谷底。阳光扯去了全部帷幔，蛮横照我，它的慷慨真不是时候。我希望不是此刻，而是两个小时后，或者明天早上。

今天的时间多得用不完。我在小狗的汪汪声中，慢悠悠地回到牛屋。从门框石缝取出钥匙，进屋，湿冷的空气满含拒绝。我想点燃柴火。找了半天，只找到一个废弃的打火机。

锁门，再次外出，我想到周边牛屋村逛逛。呷独牛场的牛屋，分布在干涸冰碛湖的首尾两端。各是十几户人家的小群落。

我要去朝见前几天上山时看到的，那块悬立于石崖边的大石头。

作格家牛屋不远，有一条可能是人工改引的溪水。经过几十米的尼龙水管，形成下泄冲力，终端连接着一个简易的发电机。周边几户人家就是靠它日常照明和手机充电。

远远望见那块大石头。这块石头其实远比牛场之上的蝴蝶石更为引人注目。蝴蝶石得益于洛克先生，得益于洛克线的游客，已经成为一块名石。

简易小水电装置

立崖擎天的杰达布石

而这块无名石，牛场的保护神，还养在深闺。

这块石头的传说，作格大舅是这样说的：

从前，呷独牛场来了一个像猩猩一样的怪物，名叫"雄雄"。它长有一双翅膀，飞行特别快，神出鬼没。它飞来时往往一边哈哈怪笑，一边用翅膀拍打人们的后背。谁要是被拍到，用不着几天就会染病暴死。没过多久，三座神山周边的人基本死绝，少数幸存的也不敢再出门。牛场住民听说北方有个力大无比并能降妖除魔的大力士，名叫"杰达布"，就派人请到牧场。为了展示自己的力量和恐吓"雄雄"，"杰达布"从山上搬来一块巨石，放在岩壁悬崖边，但不小心把自己的小指压伤。至今这块巨石下，依然有"红色的血迹"。"雄雄"被消灭，呷独牛场住民又回归安居祥和的静好岁月。"杰达布"回北方后，牛场住民为了纪念他，就将这块巨石取名为"杰达布"。

我在石头下仔细寻找，果然看到了那块"被血染红"的石头。上面的红色，其实是一种富含虾青素的约利橘色藻，它只在原生岩石上生存。由此窥知，这块石头在此地的亘古栖居史。

这真是适合拟人的巨石。顶天立崖，临危不惧，气宇轩昂，旷古烁今。它，是自然的鬼斧神工。它，与天地同在，与日月同辉。它，是路漫漫其修远兮的屈子，是风萧萧兮易水寒的荆轲，是念天地之悠悠的陈子昂，是身登青云梯的李太白……

我在巨石旁边小坐。对面，作格爸爸妈妈还在云雾深处。俯瞰，冰碛湖沼泽里的溪水，蜿蜒如练，在阳光的刺射下婆娑起舞。

傍晚，乌云至，牦牛归，作格爸妈回。未几，打雷。暴雨在大风的裹挟下，如左右摇摆的浴室龙头，刷刷刷，刷刷刷，冲刷牛屋顶的遮雨塑料布。

作格妈妈今天做的是鸡肉饭。明天我就要离开牛场。我将一点酬谢递予作格爸爸。不多不少，是我这几天反复斟酌的结果。多了我也拿不出。上山之前我提过这事，作格当时回答：没事没事，那些不重要……真的不

在呷独牛场（上）杰达布石处俯瞰呷独牛场灌丛湿地

重要，面对如此的良善真诚，多给就是轻看。还有，户外徒步者也有一套内心的规则，用酬谢来表示感激，重要的是合情。至于怎么才算合情，这个尺度很微妙。再有，每个徒步者都应该对后来徒步者怀有一份责任，一份可以共同守护的永续契约。财大气粗、无节制的赏赐，只能激活人们内心的贪婪。于自己，于这些醇厚之人，于这块最后的净土，有害无益⋯⋯

作格爸爸一边将酬谢转递给作格妈妈，一边开玩笑说，她当家做主。

我回去买两件和我穿的一样的户外轻便雨衣寄给你们，我说。好的好的，作格爸爸说。防潮垫、饭盒、创可贴这些，我都不带了，我说。好的好的，作格爸爸说。我又让他准备二十根虫草。我的说法是带回去和朋友亲人分享，内心其实是再次感激他们一家对我的接待和照顾。

作格妈妈炒锅里的鸡肉，嗞嗞作响，香味充满整个牛屋，引发了我上山几天来消失不见的食欲。

雨越下越大，刷刷刷，刷刷刷。昨天晚上和串门邻居说好的，在今晚去他家做客的约定，看来是要失约了。

饭后七点，下起雷雨，作格爸爸说这是今年第一次打雷。一直下到半夜一两点吧。有时雨水穿过棚顶石板，滴落到我脸上。偶尔几滴。因为内心的踏实，没有影响到睡眠。

暴雨地老天荒地下着。睡前有点儿担心，就和作格爸爸商议，有了第二种预备：走不了就不走呗！天留不可违⋯⋯

06.
10.
2021

B D5

珍珠海 / 呷独牛场

卡斯谷

索卡(热松错)

蛇湖(勒西错)

松多垭口(4676米)

蛇湖牛场

蛇湖垭口(4733米)

呷独牛场

作格家牛屋(4447米)

蝴蝶石

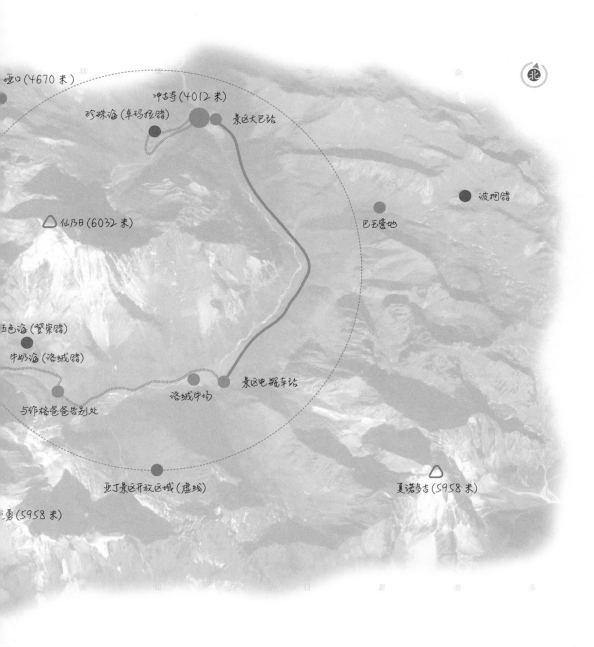

哑口(4670米)

冲古寺(4012米)

珍珠海(卓玛拉措)

景区大巴站

波拥措

仙乃日(6032米)

巴玉营地

五色海(登崇措)

牛奶海(洛绒措)

景区电瓶车站

洛绒牛场

与作格爸爸告别处

亚丁景区开放区域(虚线)

夏诺多吉(5958米)

勇(5958米)

北

雨雪后晨曦中的呷独牛场　↑

在呷独牛场北临近蛇湖垭口区域看晨曦中的央迈勇　↓

一夜雨雪，依然在湿地草甸中吃草的牦牛　↓

可能是凌晨六点，耳边隐隐听到作格爸爸点燃炉膛。柴火哔剥声仿佛黎明前的日出，听闻让人温暖舒畅。这是个适合慵懒续睡的安逸时刻。但今天路途并不短，而且，作格爸爸送我之后还要在返回区域采挖虫草。时间就是一根一根的虫草，是金钱。

作格爸爸出棚，听见他说天气不错啊，下雪了。没有我们异乡徒步者的惊叹，暴雨和大雪在高原司空见惯。

我出门。虽然天色未到日出的清明时刻，也不是蓝天，但也能感觉到升腾雾气里的晴朗气象。

对面无名山峰，海拔 4984 米，灰白自下渐次过渡到山顶的纯白。由于

| 大花刺参 *Acanthocalyx nepalensis* var. *delavayi* ↑
| 甘肃马先蒿 *Pedicularis kansuensis* →
| 垂叶黄精 *Polygonatum curvistylum* ↓

落雪，空间收缩，山峰似乎漂移到眼前，近在咫尺。

寒风触碰了体内的什么，我的躯体遽然像鼓圆的气球，由里到外瞬间震颤，这是我见到冰雪后身体的自然反应。

简单吃过早餐后，六点半，我们从呷独牛场出发，作格妈妈还在睡觉。作格爸爸背起我的大包，我离开待了五天的牛场。

并没有不舍得。作格爸爸几次邀请我再来，说起八月的松茸，仿佛那是很值得再来一趟的盛事。但当时的我，真的不想再来一次了。我的嘴皮完全开裂，我的脸颊上起了一层厚厚如癣的东西。况且，我的意志，更加落伍于身体，它的错位、蜕化，是我上山之前没有想到的。

作格家牛棚所在的位置，是呷独牛场的一部分，大概住着七八家牧民。此时，几乎家家棚顶都青烟袅袅。青烟就是炊烟，我已经丢失它了，它在此刻重现，为我送行。我忽然因刚才的决然欲离之心有了愧疚。

出牛场不远，路上半雪半泥。不知什么地方忽然传来低哑浑厚的地面撞击声。作格爸爸口中随即应喝起来，我能听懂那是吆喝牛群的指令。是牛群。大概是提醒低头乱跑的牦牛，不要冲撞到正在路上爬行的我们。牛群过去，赶牛的主人小跑着，迎面相撞，和我们打招呼。他大概是天不亮就去山野，查看昨晚牦牛在雪中的状况。

这个季节，春花在高原刚刚绽放，却遭遇如此大雪，真为它们担心。看它们在雪中的姿态，又有点儿安慰，它们看起来习以为常，并非弱不禁风。石头下有几株独一味，四枚叶片平铺在地，紫色花头顶着落雪……

我们爬行的右上方是央迈勇的居所。既然是神山的领地，那里确实有别于其他高空。此刻，越来越清亮的蓝天幕帐上，有几道明暗分明的放射状光束，那是央迈勇阻挡光线后在天空的投射。发射光源是此刻低海拔我们还看不见的日出。

我被这神奇高超的光影演艺，再次震撼。同样的景象只在贡嘎山看到过一回。这就是自然，是天成，它的力量早已幻化为信仰，进驻人间。

我向神山张臂举目，接受洗礼。又在哑默晨钟里，垂首赞美。

〉 展毛银莲花 *Anemone demissa* ↑

〉 穗花报春 *Primula deflexa* →

〉 束花粉报春 *Primula fasciculata* ↓

经过一处高山沼泽，乳突草堆落着凌晨的大雪，与草堆下的沼泽，白黑分明，如同木刻版画。这是景衬，主体是那一群昨夜一直浪游未归的牦牛。它们的毛色此刻也是黑白。

到了蛇湖垭口，天色大亮。我们并未停歇。寒风刺面，鼻子嘴唇手掌再次重温着冬天的记忆。

又见蛇湖。去年一次，昨天一次，今天第三次。每见都是新异。对面不知名山峰峰顶坐满雪，山脚斜插在湖水中，正在被湖水濯洗一般。湖面蒸腾起轻雾，雾在湖面游弋，迎向湖头央迈勇方向。

如果不是急着赶路，我定会坐在垭口，静看一会儿。我爱湖水，也爱云雾。眼前所见正是它们的联袂表演。山体经云雾的虚实推纳，变得如梦如幻，恰合我此刻的缭绕神思。

从蛇湖垭口下到湖区，要沿湖边走个四分之一椭圆，上蛇湖牛场，爬到对面松多垭口。这就是此刻看得见的必须要走的线路。我尚记得去年走在这条路上的崩溃。现在我是轻装小包，大包是作格爸爸帮我背。时不同，意不同，背负不同，路给人的感受完全不同。

下蛇湖这段，是流石坡上经年踩出的石路。百年前洛克先生走的就是这条路。但这条路现在看起来是全新的，没有任何茶马古道的沧桑味。高原之路，总是被什么清扫着落叶、青苔。总是日日如新。

右前方仙乃日和央迈勇中间的松多垭口，是阳光最早临照的通道。后半夜的大雪在走着的这条向阳路上融解。没走多久，作格爸爸的军用帆布鞋被石路上的融化的雪水泡湿。我的歉意在喉咙处忽闪了几下，最后咽在肚子里。

未到湖边，就听见"咕—咕—咕咕"的叫声。我太熟悉啦，赤麻鸭！去年我见到的那一对，似乎就是——我抬头远望，对岸，在幽暗倒影处跟随五只雏儿，排成一列，在水面划出放射状白色涟漪——那一对！浩荡暖人的一家子，此刻在我耳畔唱起"让我们荡起双桨……"那首儿歌，那也是我的最爱，每遇波光粼粼，我总爱哼唱最后那句"……迎面吹来了凉爽

｛ 双花堇菜 *Viola biflora* ↑

｛ 川贝母 *Fritillaria cirrhosa* ↑

｛ 灰背杜鹃 *Rhododendron hippophaeoides* ↓

｛ 西南花楸 *Sorbus rehderiana* ↓

的风……"

今年的高原春旱，让湖区水位下降五六米，面积缩减一半。曾经央迈勇冰川融水漫溢之地，现在变成沙漠似的沼泽涂滩。作格爸爸在前带路，从此岸穿行到彼岸，省却了去年那段寻找营地时的崩溃绕高线路。

再次经过去年立定于湖水中——一只赤麻鸭在上临镜装扮——的大石头。我多看了几眼。时过境迁，它此在的平淡无奇，让人生发"物哀"之感。湖水，石头，赤麻鸭，依然存在，只是各自分离，曾经让人长久凝视的"美"，在此刻肢解破碎。它在我眼中的"物哀"，是否可以镜像出我在它眼中的"人哀"……

蛇湖牛场在湖区北向通往松多垭口的半山坡，有七八间牛屋，屋顶不见青烟，表明无人。安静。我和作格爸爸，坐在一块平如睡床的巨石上，吃干粮。

头顶，不时从松多垭口方向飞来一对，三四只，五六只，一波又一波的赤麻鸭。嘎嘎叫着，你呼我唤。海拔 4677 米的松多垭口就像神灵的肩膀，肩担上挑着景区海拔 4480 米的牛奶海、五色海和此处差不多海拔的蛇湖。

赤麻鸭此刻在垭口东西湖区来回穿梭，点燃了我内心沉睡的节庆般的兴奋。我仰头，目光中全是蓝天白云，雪山阳光。

哎哎哎……作格爸爸低声呼叫我。顺着他的手指，我看见了北面山坡天际处，一大群中型动物的剪影：岩羊！它们慢悠悠地游荡在蓝色天幕，如对面山上投射来的影像。

起步爬坡，回望蛇湖，不知今生能否再见。

松多垭口有着其他垭口没有的和缓平台。这个和缓平台，其实是一座无名山峰与央迈勇和仙乃日三座高山的夹角造就的。可是现在，它依然在沉睡，仅可见的春花就是高原点地梅。

远远的，有人看见我们，向我们这个方向走来，看起来他是从卡斯谷方向上来的。走近，他和作格爸爸闲聊起来。我没有问他们是不是相识。这里的原住民，我想不熟悉也绝对不陌生，村落之间由于分散，生活的连

在松多垭口方向回看蛇湖　↑

由于春季干旱少雨，蛇湖湖区大面积裸露　↓

不时有赤麻鸭翻越松多垭口，在牛奶海与蛇湖之间来回穿梭　↓

接半径反而比城镇居民广阔。

他们聊天的当儿，我快步走向卡斯谷那个垭口。我在卫星地图上看到过，那里有一个叫索卡的海子，我想去实证。还有，我无数次在地图上演习过一个人过索卡，穿仙乃日山后的卡斯牛棚，翻松洛垭口，在仙乃日东北山谷到达冲古寺的路线。我想去瞭望一下。

索卡海子几乎干涸，远看只是一个小水潭。卡斯谷壑填满云雾。我神往一会儿，不知今生能否会真的走上一趟。

怕作格爸爸候等，我又快步横切到下景区的垭口。横切路在仙乃日山脚蔓延地带，因而正是欣赏对面央迈勇的好地方。此刻的央迈勇，扯来很

| 牛奶海（中上远方为松多垭口）　↑

| 牛奶海（左上远方为景区方向）　↓

| 央迈勇雪山下，常有雪崩轰鸣声　↑

多云雾，将自己埋首其中。它在祷告呢，我想，如果神仙也有晨祷的日课……

作格爸爸已经下了垭口，正往牛奶海方向前进。这里已经进入景区区域。去年的行走如同昨日，历历在目。

牛奶海不远，作格爸爸等我，是要给我说说下面这件看起来很重要的事：今年藏地高原干旱少雨，是因为去年冬天的一个下午，一对情侣在景区牛奶海边发生了争吵，女的掉头离开，男的想不开，天黑时分绕到央迈勇山崖下的湖边，背包里装了大石头，沉湖。直到今年湖面冰雪融化，前阵子才被发现。牛奶海洁净后才降了大雨……

这个故事，在我第一天坐出租车到作格家的路上，司机就说起过。可见得天旱原因是文化认同。此时此地，我也愿意随声附和。

湖边休息中，有游客从景区方向零星上来。有一家七八个人，小孩骑着马。作格爸爸说那是一家子去转山，小转，转仙乃日。顺时针从牛奶海上到松多垭口，绕到山后卡斯牛场，再翻松洛垭口下到冲古寺。

走过来三个学生模样，背着书包的，和作格爸爸说起话来，听不懂说些什么。原来她们是亚丁村的，是要去转山的初三学生，其中一个孩子有点高反，问有没有拿药。我从包里拿出几乎没有用到的必理通，叫那个脸色红紫的孩子吃了两粒，再给两粒，交代过四个小时再吃。她们谢过，我祝福她们中考有个好成绩。作格爸爸说后天学生中考，按照本地习俗，考前要去转山，求山神保佑。

我惊诧于高原本地的孩子也会发生高反，之前是没有想过的。看来，人类自然能力的退化，是群体性的。所有攻略上说的高反药，几乎都是红景天，但我们徒步者的经验，治头痛的芬必得、必理通的实际效果最好。

一到景区，作格爸爸一直让我看手机有没有信号。根据去年的经验，五色海边一定会有。我们从木栈道步行上去。坐在五色海去年的位置，作格爸爸用我的手机拨通了女儿的电话。

偶尔瞟一眼正在喜悦中的作格爸爸，想起了二十多年前，在深圳时和老家的妈妈通话的场景。那时，并未普及的电话是思乡的神奇解药。可是

| 冲古寺 ↑

| 洛绒牛场与云雾中的夏诺多吉（右上位置）　↓

| 冲古寺前门 ↑

现在，一到这有信号的地方，我就惧怕电话铃声。我一般会把手机设置到飞行模式，我不想在荒野中依然被生活纠缠着不放……我是在逃避，但这不是生活的问题，而是我的问题。

在五色海栈道下行的时候，两次看到旁若无人的两大群岩羊。

从栈道下到景区谷地沙土路，作格爸爸和我告别，他还要在回呷独牛场的路上寻找虫草。他对我的送行就此止步。我分给他一些巧克力和牛肉干。我内心非常感恩遇到的他们一家。合照，挥手再见。

背着一大一小两个包，走在出景区的路上，心中有一丝怅然。几公里后到达景区车站，坐电瓶车，补票上大巴，到达今晚的歇宿点亚丁村。

一个小时后，我再次坐上返回景区的大巴，来到冲古寺。

这就是洛克先生考察亚丁时，在 1928 年 6 月 22 日住过三天的冲古寺。它坐落在仙乃日山脚下。它是洛克亚丁考察笔记着墨最多的地方。

现在的冲古寺，因为景区人流，比百年前繁华，建筑也辉煌。但奇怪，以冲古寺金身作为林谷点缀的摄影观光客不少，但真正踏进寺庙的却寥寥无几。

过景区栈道木桥，来到冲古寺前的平台，碎石杂草，出乎我的意料。但我偏爱这被游客冷落忽视的一角。它并不幽怨，只是在坦诚地讲述，我听懂一二。藏地高原，有神山的地方，必定就有人的朝圣。冲古寺隐匿在云烟里，在洛克到访之前，已有三代活佛，百年以上历史……

粗笨的台阶之上，是进寺院的入口，门楣是黑体印刷体"冲古寺"三个字，字体与建筑物格调并不突兀。这种感觉突然给了我目光中的通透穿越之感，我仿佛回到百年前洛克文字里的描述：

"……部分坍塌……又黑又脏……听说来了个洋人，土匪朝圣者全都跑过来瞧我……四间庙房，庙房外面柱子上系着过往朝圣者的各种供奉……既是喇嘛寺，也是尼姑庵……下面房间生着明火，冒出的材烟钻进我住的房间，熏得眼睛刺痛……附近的马厩似乎从未打扫过，散发的氨水味熏得鼻子和喉咙好不难受……"

｜ **丽江大黄** *Rheum likiangense* ↑

｜ **独花黄精** *Polygonatum hookeri* ↓

｜ **锡金岩黄耆** *Hedysarum sikkimense* ↓

冲古寺，换了人间。但院子里那棵躯干刚毅的杜松，显然也有百年历史，只是，洛克先生为什么没有提及呢？

后门出去，是通往"仙乃日之杯"（珍珠海）的林间山道。和山道并行的，是景区新修的木质栈道。

山道两边开着很多大朵红花的鸡肉参。前两年高原徒步时零星见过，从作格家上到呷独牛场的峡谷，林木稀疏处的草坡上见到不少。而它在冲古寺后的广布直接冲淡了我初见的惊喜。大花刺参被林下的阴湿环境造就得叶宽枝高，犹如在人工花园中养尊处优。

见到被游客用零食勾引嬉玩的隐纹花松鼠。同样是鼠类，小家鼠，与人类如影相随，却人见人恨；松鼠归隐山林，却人见人爱。喜欢它的灵动，天真，胖胖的长尾巴。过一会儿，在无人处遇到另一只，它突然跳上栈道侧边，像运动员一样跨越栅栏木柱，熟练，极具节奏美感。我的掌声给它，不管它听不听得见，听不听得懂。

栈道上的垃圾桶边，有一只橙翅噪鹛。它不是林中唱歌的那一只，它是饥不择食的那一只。我靠近时，它钻到栈道下方，我找它，它躲避到一棵大树后，它并不惧怕我，和我捉起了迷藏。

珍珠海同样是冰川时代的遗迹，它的水源是仙乃日雪峰融水。湖区临靠山体的那一边，云杉幽深，站立水边。有枯树虬枝，被游客拉入镜头。此刻大雾将这一切晕染。

我的目标还在前方。今天有点儿遗憾，没能重走洛克从卡斯牛棚那边绕行过来的路线。但我可以从珍珠海栈道尽可能接近仙乃日山脚。但从观景平台所见，依然是混沌一片。

经过临近仙乃日山脚的一个栈道相连的亭子，忽然听到有人喊我，一回头，我一眼认出，她们就是上午在牛奶海边遇到过的那三个学生。此刻从仙乃日小转山下来，正在休息。她们感谢我提供的药品，那个高反的孩子看起来平安无事。她们知道我也住亚丁村，邀请我去她们家玩，我婉言谢绝。

｜ 莛菊 *Cavea tanguensis* ↑

｜ 窄叶鲜卑花 *Sibiraea angustata* ↓

｜ 穗花粉条儿菜 *Aletris pauciflora* var. *khasiana* ↑

｜ 具鳞水柏枝 *Myricaria squamosa* ↓

| 西藏杓兰 *Cypripedium tibeticum* ↑ ↓ | 紫点杓兰 *Cypripedium guttatum* ↓ |

| 仙乃日东坡下珍珠湖　↑

| 隐纹花松鼠　↓　　　　　　　　　　　　珀氏长吻松鼠　↓　　　　　　　　　　　橙翅噪鹛　↓

　　折返。见到西藏杓兰，实属意外。它居然被粗暴地遮挡在栈道旁，有几个花头伸进木条，让人怜恤。看着四下无人，我决定跨越栅栏，向灌丛深处凹槽探寻。不出所料，那里是一簇一簇西藏杓兰的隐秘花园。在雨雾中，唇瓣肚兜俯垂草地，聪明地躲避雨水进入。它的不远处，另一种紫点杓兰，给我带来莫大欢喜，我是初见。纯白和紫点，如蜡染，似刺绣，但显然不是凡人作为。我情愿相信这是上帝设计，天使制作……

　　这里真是一块宝地。独花黄精，花头小巧。之前见图片，以为花头硕大。今天得以实见，博物旅行确实是实证。

　　收获不少，天色已暗。下栈道时遇到一位好心小伙，提醒景区最后一班大巴六点半开出。我与他一前一后，无寒暄，各自沉静，向景区大巴走去。

在珍珠湖附近栈道再遇转山高反的三个亚丁村中考学生

06.
11.
2021.

B⊸D6

波拥错 / 冲古寺

珍珠海(卓玛拉错)

景区电瓶车站

冲古寺(4012米)

迷路森林悬崖

误入乱石

电瓶车回程上车点

仙乃日(6032

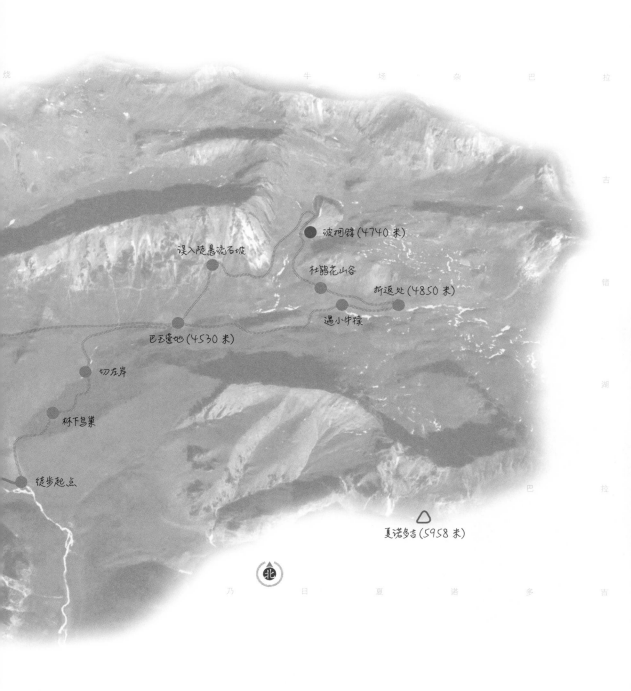

波拥错(4740米)

杜鹃花山谷

误入陡悬流石坡

折返处(4850米)

过小冲褙

巴玉营地(4530米)

切左岸

林下鸟巢

徒步起点

北

夏诺多吉(5958米)

从亚丁村远看景区，右下隐约可见冲古寺

这一天是我真正意义上的独行。仅凭几张卫星地图截图就上路了，也凭房东"两个小时就到"的答疑。

在景区售票窗口，我遭遇一位票据大姐的不耐烦：电瓶车绝对不会在中途停留！我说我要去波拥错。什么？我说你知道洛克吗？我去洛克露营过的地方拍照，想坐电瓶车在中途下车。不可能！不会停！

我撤退。到另一个窗口，不再发问，直接买了电瓶车往返票。我想碰个运气，万一遇到好心的司机呢。揣着车票上车，心中惴惴不安。

手机导航上的蓝点临近计划下车点。师傅，请停一下车，我要下车步行。我尽量让声音听起来讨好又礼貌。什么？请停一下车，我要步行拍照。车停了。我长舒一口气。

停车点旁有一大片漫坡草地，在卫星地图上格外显眼。我用了几分钟再次熟悉了手机上的地图路线。按照经验，一出景区，手机就会没信号。

穿过漫坡草地，就是溪谷。我找到房东叮嘱的靠右横切溪谷的林中牛道。高原起步永远是云杉冷杉。牛道因为渐渐远离景区公路而安静下来。

我轻手轻脚，压抑着高海拔鼓捣我胸腔的震幅。轻手轻脚，也有一丝时隐时现的胆怯。

有比我更为警觉的小生灵。枯木树杈间突然惊飞一只什么鸟，那可能是一只绿背山雀，体型比麻雀略小。它并不飞远，只在距我七八米的灌丛顶上，急促鸣叫。我知道怎么回事了，这个小笨蛋，怪它自己，不打自招。

在它惊飞的树杈找到了鸟巢，位置恰好与视线等高。我向里探望，里面四颗蛋，和鹌鹑蛋、麻雀蛋一样大小，白灰底上布有红褐色斑点。鸟巢的外面是粗一点的柔韧条形枯叶，看起来杂乱，但越里越精致，编织设计味道越明显。

真是幸福的四颗蛋。我也想钻进去躺一躺。想象一下十几天后的情景：几只嗷嗷待哺的鸟宝宝，勤劳养育的鸟妈妈……那只在灌丛上喳喳叫的绿背山雀，此刻飞在我左下方低处的云杉树杈，跳上跳下忽前忽后，看起来

| 在波拥谷，对面仙乃日紧锁云雾中 ↑

| 穿行在原始森林 ↓

| 幸福的四颗鸟蛋 ↓

惊吓不小……我的好奇心伤害了它，对不起了……

走一条无人的原始牛道，如看一本关于孤独的书。不是孤独，是此刻林下的氤氲之息抓住了我，荒蛮是它的盐，除此之外再无添加。当我合卷稍息，我需要一个标签来记住书页的位置。一支铅笔，或是那只绿背山雀。就在此时，从书页中滑落一张小书签……如刚刚从一处陡坡爬上来，气喘吁吁汗渍满面时吹来的一阵凉风。

看到了满挂珍珠的丁座草，去年洛克线我看见过它的衰败。一棵草的前生后世，看清要隔一年的时光。

一个小时后，从杉林里走出。眼前是高山流石与林谷交会地带常见的和缓灌丛，中间有小隧洞一样的牛道，将灌丛一分为二，看起来是一条常走的熟路。

这个季节，山下低海拔已是盛夏，而此地的春天才刚刚开始。一大片杂色但也等高的灌丛，高山杜鹃或刚毛忍冬，因为有刺小檗的镶嵌防护，构织成让马牛止步的铜墙铁壁。那种透明的绿色玻璃一样的新叶，仿佛被冰冻一般，安静而自足。我对陌路的忐忑因此释解不少。

高原溪谷的平缓处，是冰川砾石的旅途驿站。砾石是沧海的枯骨，是一位老者彳亍前行的回看折返，是讲述，是叮咛。这驿站也是牛马的，是它们啜饮风雪后的苍蝇旅馆。因而，这里的山道恣意杂乱，如滩涂水流的分奔离合。可以想象，牛马们看到溪水的狂欢，有如劳作者看到炊烟的垂涎。这里，是钟花报春、各种橐吾的小村庄。

从溪谷的右侧切换到左侧，灌丛明显稀疏，矮小，仿佛是高山扼腕蹙眉后的稍息松弛，这松弛给了各种草本植物书写卑微花语的机会。它们一生短暂，却不怨天尤人，其意义不仅是告慰自己，也是提醒我们。但此时此地，能与它坐下来聊聊的也许只我一个人。

就我一个人。

那紧贴地面，在大白天点亮油灯、照我行路的，是无茎黄耆；那本该匍匐求生却选择倔强站立的，是山岭麻黄……

〡 垫状点地梅 *Androsace tapete* ↑

〡 唐古特瑞香 *Daphne tangutica* ↓

〡 轮叶马先蒿 *Pedicularis verticillata* ↓

洛克线。植物记。

2021°06°11

巴玉营地 + 波拥错 + 乱石阵 + 迷路

吹来一阵凉风，我赶紧将衣帽竖起。凉风不是空谷来风，它来自我上爬方向的高处牛场。我以为，那就是洛克笔下的巴玉营地；我以为，这些生生不息的牧草，就是曾经温暖过、激荡过洛克心房的牧草；我以为，那看起来破败久远的断垣残壁，就是洛克曾经凝视过的心灵住所，那是洛克午夜孤独难眠的见证……可是，它不是……

大雾漫溢过来。它遮挡着眼前十米之外的一切所见。它鬼魅般将林木灌丛提纯为淡墨影像。这影像拒绝了相机的捕捉，却接纳着目光的凝视。

还好有明显的路迹。我只需在脑海中矫正前行的大概方向。一个小时后，一处偌大的有别于灰绿灌丛的青翠草场出现在眼前——

1928 年 6 月 25 日，洛克一行离开冲古寺，到达海拔 4530 米的巴玉营地，住两晚。26 日凌晨，他目睹神奇的央迈勇和仙乃日，并不吝夸张的赞美之词：

"我起身走出帐篷，走进阴冷的、灰色的清晨。天空万里无云，眼前矗立着的这座'金字塔'，就是独一无二的央迈勇山。独一无二，举世无双，无与伦比，是的，它是我迄今为止见到过的最壮观的山峰。天此时还是墨绿色，白雪皑皑的'金字塔'是灰白色。然而，当太阳射出光芒来亲吻它们时，央迈勇和仙乃日的山巅霎时幻化成了金黄色。"

可是，此刻我的所见完全不是这样。大雾就好像前夜失眠后，一直停驻在蹙眉皱褶处的乌云。我预备好的喜悦呢？我准备隔空与洛克先生的对话词呢？

我很快从一丝失望中回神，安静地坐在一处草坡上。我正对面就是仙乃日，我左前方就是央迈勇。它们给过洛克先生欣喜，但此刻不让我看见。我理解并接受大雾的阻挡……我耳边似乎有沙沙沙的声音，那是一种叫雾的毛毛虫发出的呢喃。是复调的寂静。

寂静，也在我此刻手臂肩膀上冷热交替，那是身体和自然的悄然对话。

洛克先生在此是否摆出过他的红酒，他的西餐，他的孤独？隔了近百年的缓慢时光，我在书斋里看不懂的洛克，现在懂了……懂了吗？我能懂

在巴玉营地，作者与洛克同一视角拍摄　↑

1928 年 6 月 25 日，洛克先生一行离开冲古寺，带领
考察队到达海拔 4530 米的巴玉营地住两晚　↓

吗?

我调出手机里洛克先生在此拍过的旧照,我终于刺穿大雾,看见了被时光阻隔的仙乃日、央迈勇。它们的容颜历经百年沧桑,历经风雪、地震,历经无数游客的亵玩,刚厉如初,冷漠如初,洁白如初。

那唯一改变了的,或许是几棵近处的云杉,或许是偷袭草地、恶意满满的有刺小檗,或许是偶尔出现的我,或者是离散的牛羊。但我们都是灰尘,都是落叶。

这一刻,我就是洛克,是洛克的附体。我相机里拍的不是仙乃日、央迈勇,我拍的是大雾,拍的是昨日重现,拍的是久别重逢……大雾去了再来,是记忆,是提醒,也是涂抹。大雾不是时间。

一个小时后,我离开洛克先生的巴玉营地,向另一处——属于我的波拥错——爬行。我沿一条看起来最成熟最明显的路迹,进入乱石森林。视线中只有大雾和石头。一处石檐下,有一簇开着稀疏几朵蓝紫色花朵的耧斗菜,仿佛它是专为唤起我关于呷独牛场的记忆而开。

路越走越崎岖,拦路的石头,只能跨行。这条路逐渐失去了我的信任。它真的通向波拥错吗?波拥错海拔比巴玉营地高出 200 米,由此推算,我至少要走五六公里。我想再走一公里看看。

雾和狐疑仍然在我身边堆砌,堵截。我对自己越来越没信心,但这也是我自己的常态,我习惯了,并且经常是赌气地坚持。比如我淋到一场意外的大雨,那我绝对会在心里咆哮:何不再来更大的冰雹?

终于走出乱石,来到一处平缓的草场。目光逡巡中,一朵尖被百合被我看见,我有点儿吃惊。我迅速谅解了大雾。随着谅解,又来一朵,再一朵,总共三朵尖被百合。这超出了我的预期。这个季节,还不是百合们的好时节,它的花期远远未到。那么,它们是专为我而开?它们是夜路中的灯盏吗?

我真的是跪着拍了它们。

前路未明,不敢过多耽于此欣喜。我再次回放脑中存储的波拥错位置。我必须找到切换河谷左侧的路迹。

| 山岭麻黄 *Ephedra gerardiana* ↑
| 无茎黄耆 *Astragalus acaulis* ↓

西藏铁线莲 *Clematis tenuifolia* ↑

看到了雾中的一处牛棚残垣，这种牛棚就地取石板，垒砌了墙体，棚顶是牧民夏季牛场迁徙时携带的牛毛毡。但是此处，明显是荒废多年，只有不到一人高的石墙残存。

残垣牛棚里，有一株全缘叶绿绒蒿，满树黄花。只此一株。旁边，是一堆用完丢弃的户外煤气罐——它的丢弃，让真正热爱高原徒步的人不齿——在此刻，它罐体的生锈溃败，呼应着牛棚的荒凉。和那株生命力旺盛的绿绒蒿，形成视觉上的荒诞张力。它们沉默着，不发一言。仿佛在笑看对方，又仿佛在怜恤，在彼此鼓励、见证……人，或者人之所造，终究会在一滴雨中化为乌有……

我决定就坐在这半间牛棚前吃午餐干粮。打开小包，掏出水壶、牛肉干、巧克力。大雾忽近忽远，时浓时淡。

凝神处，居然有一只黑色牦牛在雾中显现。我并不惊愕，它们是此地的主人。但它在直挺挺地看着我。它没有牦牛惯常的漠然和若有所思，它两眼放光，微微低头，一双牛角仿佛弦上之箭。

你这样不对啊！我心里说。你是个不好客的牛。你应该像作格家的牛一样，你应该笑问：客从哪里来？

它一直在逼视，这种逼视，虽带敌意，却让我有了找到同伴的感觉。毕竟，在陌地，身边出现熟悉的事物，远比诡异的空荡让人安慰。

我尽可能不和它对视。我在低头和假装漫不经心中吃完干粮。我也成功说服了自己：再前行几百米，如果还是找不到波拥错，一定要在雾中那一堆隐约的玛尼石前折返……

往玛尼石的路迹恰好靠近牦牛。当我向那个方向前行，在越来越靠近牦牛时，它忽然发出一声短促低浑的鼻息，将嘴上扬，快速摇摆震颤几下——它明显在示威，告诫我止步……这突来的威胁，让我纳闷了几秒钟。随即，我看到它脚下草丛，躺卧着的一头小牛。我明白一切了。

这头和妈妈一样毛色的小牛犊，可能是前天或昨天出生的。按理，牛的主人应提前预判小牛出生的时辰。现在的意外早产，只能让牛妈妈立定

{ 长叶绿绒蒿 *Meconopsis lancifolia* ↑

{ 银莲花 *Anemone cathayensis* ↓

{ 钝裂银莲花 *Anemone obtusiloba* ↓

在小牛犊身边，一刻也不敢放松守护。

它最为防范的其实是狼群。此地有狼不稀奇。人怕狼，狼其实对人更怕，彼此冤家是上古前世结下的。相对于攻击人的风险，狼更愿意逡巡在牛场，伺机等待降生的牛犊为猎物。我情愿臆想今天的大雾是为牛犊而起，是为隔离牛犊体味以防被狼嗅到攻击而起……

我迅速远离路迹，在灌木丛绕行。我祈祷狼群远离。我祈祷牛主人快快出现，将牦牛母子带回安全的牛场。我不敢设想狼、人、牛同在现场的画面……

到了玛尼石，我才发现，更为巨大的乱石堆还在雾中雾后隐现。看起来波拥错还在乱石岗之上。我对自己说，最后坚持两百米，到了那块大石头，如果还是看不到波拥错，就一定回头。

到了大石头，依然是乱石密布，大雾紧锁。没有一丝犹豫，我迅速紧了紧鞋带，掉头折返。

没有一丝遗憾。

看到波拥错能如何，看不到又如何。

我认输。

守护小牛犊的牦牛妈妈，对我高度戒备

┆ 灰背杜鹃花点亮波拥错山谷　↑
┆ 肉果草　*Lancea tibetica*　↓
┆ 鬼箭锦鸡儿　*Caragana jubata*　↘

| 波拥错湖尾, 晴天时可见远处对面仙乃日倒影 ↑

| 俯瞰巴玉营地 ↓

| 波拥错, 湖水面积缩减不少 　↑

我鬼使神差地横切流石坡上沿。踏入随时都会滑落的流石瀑，可以想象，一旦脚下的流石松动，有可能，这整面山坡的流石会像雪崩一样，而我只能葬身于石海，万劫不复。

我让自己安静几秒钟，之后下切到一处悬崖边的灌丛坡。这里虽然陡峭，但没有石崩的危险，我可以抓住树根草根，慢慢下滑。可能是两百米，也可能是三百米。时间在此消失，我仿佛在真空中下滑。

下到安全处，坐了十分钟，喝了几口水。我决定不再冒险，重回上山时的路线。

再次经过巴玉营地，再次在洛克拍照的视角，拍了几张下半裸露在云雾之外的仙乃日。可以看到左前景与仙乃日夹角里的央迈勇雪身，但它的山峰依然被云雾遮掩。

云雾真是个奇怪的东西，当它遮掩和阻挡时，真想拨开看看隐藏在后面的真相。但一旦你真的看到真相，你又有了索然无味的懊恼。

快速穿过一条袒露鲜明的半山腰牛道，来到仙乃日对面的山脊。这里，可以俯瞰洛绒牛场及景区公路栈道全貌，也是同框三神山的取景点。不过此时的三神山，依旧紧锁眉头，特别是夏诺多吉，几乎将自己全身隐藏。

走完灌丛，在进入松杉针叶林前，路迹变得混乱。几棵黑色火烧枯树格外显眼，我来到这里，感觉这条路迹成熟，可是走了几十米，又被引入不见路迹的灌丛中。我目光又被右手一处低缓草坡吸引。按照高原逻辑，那里必定是牧牛歇息处，必定有路。

选择的一条路，虽然越走越忐忑，但心里有一股劲：即使不是最好的那条，但也一定通向山下景区。就是这股劲，把我带到了巨石阵。散落半山的花岗岩巨石，棱角尖锐，石面粗糙白净，没有高原冰川砾石的黑褐苔渍。肯定不是近期的地震所造。它的成因到底是什么，我现在无暇细思。

此刻我站在巨石阵的最顶端。石头都像房子那么大，我要么是一块石头一块石头地爬上去，再小心爬下来，要么是一个石缝一个石缝地钻过去。还要下行到巨石阵尾。这个过程，稍有石头松动或者踩踏，后果不堪设想。

| 黄三七 *Souliea vaginata* ↑ | 大果红杉 *Larix potaninii* var. *australis* ↑ |
| 锡金灯心草 *Juncus sikkimensis* ↓ | 白花刺续断 *Acanthocalyx alba* ↓ |

考虑再三，我决定在巨石阵顶端悬崖下横穿绕行。我收好相机手机，停止影像记录。事后回忆过程，混浊空白一片。当站在对面悬崖下，只记得，我已经没有勇气去回看一眼刚才的来路，因为，眼前我即将再次面对的，还是悬崖。总体上路线的行进是贴着悬崖下行。

好在，悬崖与沟壑之间，有满挂松萝的冷杉或者高山栎，在树根岩石间，还有枯叶苔藓织就的松软草毯。这在视觉上给人安全感。我一步一步下滑，抓住树枝，用手杖支撑。

置身于险境，更能激荡内心的彻悟。说白了，险境就是回到人之为动物的本初，在未知里重新突围，披荆斩棘，走向安全光明坦途。但，人也是在危难时刻才裸露出本真的怂相。此刻，我，就是一个怂相百出的人。

我的意识神情，已完全被落脚之点的判断寻找所强夺，以至于每遇一处险境，完全听不到自己下意识的喃喃自语。立定喘息间，我才听清那是一句不断重复的祷告词：求上帝看顾，给我开路，找到下山的路，引领我步入正确的路……

我不停地叮嘱自己：清醒，理性，用心智祛魅。我不能滑落到神话故事里，自己吓自己。只不过是迷了路，是在短暂的梦魇里惊悚一阵。

| 虚框处为巨石悬崖迷路区域

在仙乃日南面山脊俯瞰景区山谷

可能是三四处，也可能是四五处，从一个崖顶下到另一个崖下，身边的树木和林下的植物完全无视。

终于，从陡峭的巨石森林，踉跄突奔到和缓林下。梦醒了，梦魇不再。长舒一口气。自然再险恶，也比黑夜的噩梦要和善得多。我居然，没有噩梦醒来的那种胸腔塌陷感……

坐在林下，喝水，吃巧克力，耳边传来哗啦啦的水流声，那声音和缓，抒情，如交响乐的第三乐章。就让我闭眼享受这一刻吧！这是我应得的安慰。

透过树丛，循水流声望去，那里居然有几根树干联排横放的小桥。也就是说，从这小桥过去，上行，小路镜头连接的，就是刚才不久我下山的路迹丢失处。这就是那条我渴望寻觅的路径！我没有走过小桥继续去探究的念头。反正，今天走出来了，我走的是一条荆棘险恶之路。但在此刻看来，又有什么要紧呢？

此刻，在这险恶和友善之路的交会点，我的惊吓与体验到底值不值？我不再去考量，但我知道，今天走过的这条路，如我往日的某些心路一样，幽微而隐秘。假以时日，经时间酿就，是否真能醇香曼妙？是否我会再次独酌，再次醉饮？乱石中，苍杉下，一场荆棘中的秘密对话，无人知晓，无人见证。是溃败？是安慰？

走出森林，我坐在景区路边，等车。有种伤感涌上心头。不是因为险境带给我的委屈，而是……是什么呢？我并不明确……我只知道，刚才，幽暗森林深处，我跌跌撞撞，像个孩子，依稀重回生命源点。是的，我是那个跌跌撞撞、咬牙无泪、汗渍满面的孩子……而此刻，我走出来，变成另一个人。而这个人，不知要到哪里去？

我找到了我的跌跌撞撞，而现在我又要抛弃他，将他归还在这个幽暗深处，让他继续放逐，继续无助……

而我，又将汇入人海……

后记，或我的博物心路

这本书的酝酿与出版是我之前未曾想到的。

十多年前，深圳有个国内知名的户外网站——磨房。每周五晚或周六晨，深圳体育馆门前，聚集众多磨房论坛约伴组队的山友，大家乘坐一辆又一辆大巴包车，分奔深圳周边，徒步山野，或露营海边。磨房是个非商业性的户外 AA 约伴平台，我感恩在这里遇见一些单纯热爱自然的山友。周末我常跟着他们去到山野，但那时纯粹就是以锻炼身体为目的的转山。

2017 年 7 月，深圳举办第 19 届国际植物学大会，这是国际植物学大会首次在中国乃至发展中国家举办，6 年一次，是国际植物界最高水平的学术会议，级别不亚于奥运会。我一场不落地参加了所有面对普通观众开放的公众论坛。我如听天书，坐在第二排，清晰地看到前排国际植物学大咖们的项背和白发。我瞅机会示意，邀请几位老先生合影留念，他们一概谦卑温和地回应着我的唐突。说实话，除了《银杏：被时间遗忘的树种》一书的作者彼特·克兰（Peter Crane）先生，其他的我至今都不知道他们是哪方面的专家，姓甚名谁。但就是这么一次盛会，让我如开天眼，知道地球上还有如此幽微多姿的"另一个世界"，这和我之前熟视无睹的这个世界，到底是不是同一个？

此后几年，我的生活节奏慢下来，轨迹有了变化，每年有一定时间回到西北老家。因为惧于人际的纷扰，慢慢疏离人群，重新走进山野。我庆幸家乡有一座面积不小的草原。短短几年，我几乎踏遍这里的每条溪谷梁峁，记录几百种本土野花和昆虫飞鸟。

我无意中看到中国科学院植物研究所举办博物培训的通知。虽然报了名，但不抱一丝希望。因为，对植物博物，我几乎就是"小白"。但真是天开了眼，我居然被选入，这可是 200 多人里遴选的 20 人。执笔勾选者，是中国科学院植物研究所温婉秀丽的肖翠女士；授课组织者，则是国内复兴博物学的旗手——北京大学刘华杰先生。我感恩遇见这两位老师，毫不夸张地说，是他们拯救了其时正被莫名焦虑折磨，正在沼泽里挣扎的我。这次授课老师，真是大家云集，有极地博物学家段煦先生，有植物分类学专家刘冰先生、林秦文先生等。

刘华杰老师在授课中，提到苏联地质学家奥勃鲁契夫的《研究自己的乡土》一书，寄望于培训班学员回去之后能有一本家乡或生活城市的在地自然观察笔记。这提议，正中我心。我早就想写一本关于家乡的自然志，心中灯塔和摹本是英国博物学家吉尔伯特·怀特的《塞尔伯恩博物志》。但我深知自己能力不逮，远远不能驾驭。

博物写作除了具备一定的博物常识，还有一点就是语境的转换。从人文角度解读牡丹和梅花与从博物角度解读，视角不同，路径不同，其终端所见也不同。前者从书斋书本进入，后者从生活自然进入；前者意至心见，后者目见心见；前者凌虚蹈空，后者实证探微；当然，这只是我的一点个人理解。角度切换之后，再回头看我自己的旧文，阅读某些文学作品，其孱弱假冒显露无遗。很多文字，缺少支撑，缺少实证。要命的是，很多人还以这种故弄玄虚为技巧。自然博物进入文学，才可以是自然文学。自然文学不是类型，而应该是所有文字或隐或现的基因。在文中追求真实，也是为文者参与救赎这个虚假世界的一点使命。

我早年习诗，间或散文，限于天分能力，没啥建树。我想说的是另外一个话题，关于文学教育。我出身乡村，却对植物动物这些自然生灵熟视无睹。人类从荒野走出，在村庄城镇集合，在文明建造中慢慢稀释了自然成分。我自小阅读到的文字，写花都是"野花"，说鸟都是"飞鸟"，没有人写明这"野花"是哪种花，这"飞鸟"是何种鸟。我们的文字从未给这些自然生灵正视和尊重。人类中心主义依然是当下文学的普遍语境。我的文学教育，急需补上自然博物这门功课。

美国自然文学《瓦尔登湖》很多人耳熟能详，但有多少人能够重蹈梭罗先生的足迹和心路，去到一个人迹罕至的地方，安静地待上一段时间，聆听自然天籁，与身边生灵风物水乳交融。从体验到心验，其实是个艰难而又漫长的心路历程。

我们与自然的关系，从疏离，到无视，最后到惧怕。虎狼当然要怕，我也怕得要死。但野猪呢？我们是不是因为野猪的泛滥而要闭门不出？这里没有鼓动大家冒险于山野，我的意思是：只有亲近、熟悉和尊重，才能降解山野的险恶，涉足山野的我们才不至于踉跄跌撞。我们多数人关于山野的自然知识过于贫乏，以至于踏入山野，一有风吹草动，就手足无措。如果你知道野猪也惧怕人类，它们大多是夜晚才出来觅食，如果你知道虎豹的生存半径是几百上千公里，你是否还会在一座城市周边的小山头前踟蹰不前呢？

山野的安全教育，除了基本的生存技能教育，更应该放在对自然的亲近上，而不是简单的拦堵禁入。只有亲近熟悉，才会尊重敬畏；人只有谦卑，把自己放在合适的位置，才会理顺与自然的关系。接受自己的渺小，对险境不僭越窥探，尽情享受自然中祥和美丽的那部分。

　　阅读一些西方旅行文学，我常常惊叹于作者笔下信手拈来的，关于花鸟草虫的博物知识。不说其他的，能够直呼其名就不是件容易的事。可以说，基本的博物常识，已然成为真正热爱自然、热爱山野之人的必备技能。在博物学成为通识教育一部分的很多国家，作家、登山家、旅行家，甚至音乐人，博物知识都是基本的人文素养。

　　电影《毕业生》里有一首《斯卡布罗集市》的英文歌曲，我百听不厌，非常喜欢里面的歌词，中文意思大概是："您去斯卡布罗集市吗？欧芹、鼠尾草、迷迭香和百里香；代我向那儿的一位姑娘问好；她曾经是我的爱人……"一句歌词提到4种植物：欧芹、鼠尾草、迷迭香、百里香。欧芹和迷迭香，有园艺栽培，鼠尾草我见过5种，百里香在北方山野常见。它们都是芳香型植物。每当在山野见到鼠尾草和百里香，我的耳边都会响起莎拉·布莱曼的歌声……追忆的爱情通过芳香植物的味觉幻化，成为永恒。熟悉这些植物，可以帮助我们透彻理解歌声里的情感表达。

　　接前面所述，我关于家乡的一本自然志，写了三四万字后，最终停顿。爱家乡，就穷尽能力，给她最真挚、最深情的文字。我写不出自己满意的，也不愿写自己不满意的。这本家乡自然志的写作陷入困境。但我相信这是暂时的，是时机未到。

　　适逢2020年暑期，唐友能老师组队四川木里水洛到稻城亚丁的洛克线徒步，我跟随。回来后我用自己有限的一点博物知识写了几篇公众号推文，不承想有不错的点击阅读量，也受到刘华杰老师、段煦老师、肖翠老师和其他同学的鼓励和鞭策，于是有了再走一趟洛克线的计划，并于2021年6月成行。

　　我的博物写作计划就此有了新的"蓝图"，本书成为我博物徒步旅行记录所见所闻、所思所想的第一本，接下来还会有第二本、第三本。我已做好尽心尽力的准备，但这是次要的！更重要的是上天的眷顾，它的容许和阻拦我无法探知，也不愿揣度。

唯愿它能听到我的祷告，让我的体魄能够持续支撑……

　　成就此书的诸多环节——行走、写作、拍摄、设计，我自己虽然倾心倾情、亲力亲为，但也离不开诸多师长的帮助，在此，必须铭记。前后几年，不管是引领我进入人生后半场的博物领域，还是本书的具体写作，刘华杰老师都是不二的导师，我躬身感谢！户外徒步跟随的队长唐友能，一所深圳中学的地理名师，没有你就没有我的山野之行，敬茶感谢！肖翠老师，200 人中，你的手笔在我名字上停住，画圈，给我了新生，献花感谢！作格一家人，你们接纳我，给了我一个临时的家，安全温暖，感谢！诗人、博物旅行家李元胜先生，昆虫学家张巍巍先生，重庆大学出版社梁涛编辑，感谢你们接受并出版这本青涩的博物旅行探笔之作！

　　书中的植物属种鉴定，对我这个博物爱好者来说，显然是力所不逮。仅靠自己一点肤浅的形态认知和查阅工具书确定的东西，谬误在所难免，敬请包容。

2021 年 12 月 22 日花间于深圳

行　　　　　　　　　　住

负重背包（带防雨罩、60 ~ 80L）、
小包（易收纳、日用、20 ~ 30L）、
腰包、摄影包、**防水袋**

登山帐（双杖）

小雨伞、**头灯**、手电

相机（卡片机、电池 2 块）

睡袋（羽绒，800 ~ 1000 克）、**地席**、
帐篷（四季，超轻）、**防潮垫**（蛋壳）

剃须刀、毛巾、牙刷、小牙膏、纸巾、
耳塞、防晒霜、唇膏、指甲钳

手机、身份证、现金、充电宝、干电池，
充电器、数据线、药品（感冒药、消炎药、
止泻药、创可贴、维生素）、**垃圾收纳袋**

冲锋衣裤（软壳）、**抓绒衣**、**羽绒服**、
速干衣裤、**速干内衣内裤**、
长袖 T 恤、**雨衣**

登山鞋（中帮）、**涉水鞋**、日用鞋、
毛巾底**厚袜**（2～3 双）、日用袜

护膝、**遮阳帽**、**保暖帽**、**手套**、
头巾、雪套、**墨镜**

熟制米饭、**挂面及配料**、**牛肉干**、饼干、
巧克力、**面包**、干果、榨菜、
电解质固体饮料粉、
红糖姜茶、茶叶

炉头、**气罐**、**套锅**、饭盒、
打火机（火石棒）、火柴

水袋、**保温水壶**、日用茶杯（兼洗漱）

我的行装清单

其中：粗体字为户外必备

致敬书目及参考文献

....

致敬书目：徒步前后及写作本书时段阅读

[1] 帕斯卡·基尼亚尔.游荡的影子 [M].张新木，译.南京：南京大学出版社，2020.

[2] 约翰·刘易斯－斯坦普尔.干草耙，羊粪蛋，不吃毛茛的奶牛 [M].徐阳，译.北京：北京联合出版公司，2021.

[3] 安妮·迪拉德.听客溪的朝圣 [M].余幼珊，译.桂林：广西师范大学出版社，2015.

[4] 麦可·麦卡锡.漫天飞蛾如雪 [M].彭嘉琪，林子扬，译.新北：八旗文化，2018.

[5] 大卫·乔治·哈思克.森林秘境 [M].萧宝森，译.台北：商周出版，2014.

[6] 约翰·缪尔.我的山间初夏 [M].吕奕欣，译.台北：脸谱－城邦出版，2020.

[7] 彼得·博德曼.辉耀之山 [M].陈秋萍，译.台北：脸谱－城邦出版，2020.

[8] 罗伯特·麦克法伦.故道 [M].Nakao Eki Pacidal，译.新北：大家出版，2017.

[9] 罗宾·沃尔·基默尔.三千分之一的森林 [M].赖彦如，译.台北：大雁－漫游者文化，2020.

[10] 爱德华·威尔逊.缤纷的生命 [M].金恒镳，译.北京：中信出版社，2016.

[11] 约瑟夫·洛克.发现梦中的香格里拉 [M].冯媛，刘娟，译.北京：北京理工大学出版社，2016.

[12] 约瑟夫·洛克.中国西南古纳西王国 [M].刘宗岳，等，译.昆明：云南美术出版社，1999.

[13] 刘华杰.檀岛花事 [M].北京：中国科学技术出版社，2014.

[14] 斯蒂芬妮·萨顿.苦行孤旅：约瑟夫·F·洛克传 [M].李若虹，译.上海：上海辞书出版社，2013.

物种鉴定：

[1] 《中国植物志》编辑委员会.中国植物志电子版.

[2] 牛洋，王辰，彭建生.青藏高原野花大图鉴 [M].重庆：重庆大学出版社，2018.

[3] 徐健，张巍巍.梅里雪山自然观察手册 [M].北京：中国大百科全书出版社，2011.